深部矿井通风与地热利用

刘冠男　高　峰　岳丰田　魏京胜◎著

SHENBU KUANGJING TONGFENG YU DIRE LIYONG

河北科学技术出版社
·石家庄·

图书在版编目（CIP）数据

深部矿井通风与地热利用 / 刘冠男等著. -- 石家庄: 河北科学技术出版社, 2023.3
ISBN 978-7-5717-1475-8

Ⅰ. ①深… Ⅱ. ①刘… Ⅲ. ①矿井通风②地热利用 Ⅳ. ①TD72②TK529

中国国家版本馆CIP数据核字(2023)第043250号

书　　名：深部矿井通风与地热利用
作　　者：刘冠男　高　峰　岳丰田　魏京胜　著

选题策划： 王　岩
责任编辑： 李　虎
特约编辑： 宋海龙
责任校对： 徐艳硕
美术编辑： 张　帆
封面设计： 罗　阳
出　　版： 河北科学技术出版社
地　　址： 石家庄市友谊北大街330号（邮政编码：050061）
印　　刷： 河北万卷印刷有限公司
经　　销： 新华书店
开　　本： 787mm×1092mm　1/16
印　　张： 12.5
字　　数： 12千字
版　　次： 2023年3月第1版　2023年3月第1次印刷
书　　号： ISBN 978-7-5717-1475-8
定　　价： 96.00元

前 言

近年来我国矿井开采深度逐年增加，矿井通风工程的重要性日趋凸显。矿井通风工程同其他学科一样，是人类长期实践过程中，经历了起源、发展、成熟等阶段，是人类在长期研究与实践过程中，不断观测、实验、研究空气流动现象及其规律性而逐步形成的一门科学。

人们发现问题、认识问题再到解决问题是一个变化和发展的过程，人们常说的“矿井通风理论已经发展到了成熟阶段”并非意味其理论十分完备、不需要再发展。实际上,它像其他发展中的学科一样，一直在不断发展之中。特别是，随着现代科学技术、科学研究手段的发展，以前未发现的问题，现在发现了，以前没有解决的问题，现在在逐步解决。由于客观世界的复杂性、广泛存在的不确定性以及人们认识的局限性，矿井通风理论仍有许多难题（如紊流传热–传质问题、避免粗糙度合理定量表征问题、风流边界层理论问题、风流状态智能感知问题等）在理论上和实际应用上未能很好解决。本书不图在阐述前人的理论和方法方面求多求全，而力求内容能够新颖和实用，本书的内容多为作者所在课题组近年来的一些研究成果及学习心得，以及指导研究生的成果，并吸收了国内外同行的研究成果。本书可作为工程技术人员及高校学生的参考书。

在本书研究内容的思路形成过程中，邹叙承担了书稿整理和排版工作、叶大羽承担了理论模型的推导工作、胡宇豪承担了部分算例计算工作。此外，作者单位的同事也给予诸多帮助，在此向他们表示衷心的感谢。由于矿井通风理论研究既包含理论模型研究，也包含数值计算、实验和现场检测，这给编撰本书增加了难度；加之作者的水平有限，虽几经修改，书中仍可能存在错误和缺点，欢迎广大读者不吝赐教。

作　者

目　录

第一章 绪 论

1.1 研究背景与意义

煤炭在我国能源消费结构中的重要性不言而喻。在能源结构方面，我国是一个多煤炭少石化的国家，煤炭已探明储量占我国化石能源已探明储量的94%，煤炭年产量占世界的46%[1]。尽管能源结构在持续改进，但煤炭依旧是我国能源消费的主导燃料，中国2015年能源消费里，煤炭能源仍占据了64%，油气能源占20%，其他各类能源占16%。而在世界能源消费结构中，化石能源仍然占据着主导地位。受到我国资源储存量的先天限制，今后很长一段时间内煤炭在我国的一次能源结构中仍占据主体地位[2]。到2035年，中国仍将是煤炭在一次能源中比重最高的国家，尽管这一比例将出现最大跌幅（从2012年的68%降至2035年的52%）[3]。

随着社会的发展和对资源的需求日益增加，浅表煤炭资源已在逐渐减少甚至即将枯竭，与此同时，煤炭矿井深部开采的深度正在加大[4]，我国的煤矿采深正以每年10～15m的速度下降（其中东部地区为每年10～20m）。世界各国都已经进入深部资源开采阶段，地温的影响也在随之加大。目前我国大中型煤矿的平均采深为456m, 采深大于600m的煤炭矿井产量占28.5%；小型煤矿平均采深为196m, 采深超过300m的煤矿产量占14.5%。其中山东孙村矿开采深度深达1300m，安徽铜陵狮子山铜矿的开采深度已达1100m，抚顺红透山矿深度为1300m，而南非金矿更是已经超过3800m。可以预计，在未来的30年里，我国更多的煤矿将进入 1000m 到 1500m 的深部开采中。

受地热的影响，深部矿井的掘进工作面的温度也在逐步升高，热害矿井的数量也在不断增加，热害已经严重制约了煤矿的开采与发展。我国煤矿采深超过 1000m 的矿井已有 49 处，是世界上热害矿井最多的国家，据我国煤田地温观测资料统计，千米地温梯度为 0.2℃ /1000m ~ 0.4℃ /1000m，预测煤炭资源埋深大于 1000m 的占全国预测总量的 59.5%[5]。截止到 2008 年底，全国共有各类煤矿高温矿井 62 个。62 个煤矿高温矿井共有 857 个采掘工作面，其中高温采掘工作面 333 个，占采掘工作面总数的 38.9%[6]。

随着现代化采矿技术的发展，矿山开采的深度逐年加深，由于地热的作用，不可避免地将会出现高温热害等问题。矿井高温热害已经成为与瓦斯、水灾、火灾、顶板、粉尘并列的矿井六大自然灾害之一。而高温热害与瓦斯、水、顶板、火、冲击地压等瞬间爆发所形成的灾害不同，矿井热害是伴随煤矿不断增加的开采深度而出现的又一较大灾害。矿井高温热害是持续不断的、区域性的灾害，对安全生产的影响范围广、时间长、涉及的人员多，是严重威胁煤矿正常高效生产的主要灾害之一。

《煤矿安全规程》第一百零二条规定：生产矿井采掘工作面空气温度不得超过 26℃，机电设备硐室的空气温度不得超过 30℃；当空气温度超过时，必须缩短超温地点工作人员的工作时间，并给予高温保健待遇；采掘工作面的空气温度超过 30℃、机电设备硐室的空气温度超过 34℃时，必须停止作业；新建、改扩建矿井设计时，必须进行矿井风温预测计算，高温地点必须有制冷降温设计[7]。

高温矿井给安全生产带来的影响和危害主要包括以下三点：一是高温能使工人体温升高，导致人体的水盐代谢出现紊乱，身体健康受到损害，劳动生产率大大降低；二是高温会使矿石氧化加剧，使得井下气温不断升高，空气中的氧含量减少，有害气体成分增加；三是高温会加剧井下材料及设备的腐烂，使电气线路绝缘程度下降，从而造成潜在的安全隐患[8]。据有关调查统计，

30 ～ 40℃气温的采掘工作面，比低于 30℃时的事故率高 3.6 倍，井下作业地点的空气温度每超过标准（26℃）1℃时，劳动生产率下降 6% ～ 8%[9,10]。在高温高湿的热害环境中工作，不仅损害了工人的身体健康，降低了劳动生产率，而且还影响安全生产，并且热害对人体的伤害大都不可逆转。

因此，解决深井热害问题、改善深井作业环境已经成为世界煤炭开采的一项重要的技术发展项目。

1.2 国内外研究现状

据文献记载，国外研究矿井高温问题最早是 1740 年在法国贝尔福附近的矿山进行地温测定，1915 年巴西金矿首次把空调器应用于井下，1919 年，南非开始了矿井风流热力学的研究，1924 年西德在煤矿井下 958m 深的地方建立了集中制冷站[11]。从真正意义上讲，矿井高温问题的研究开始于 20 世纪 20 年代。

在热害矿井中热害比较严重的工作点是掘进工作面和采煤工作面。采煤工作面的通风特点为贯穿式通风，而关于贯穿式通风条件下的围岩散热的研究已经比较透彻，已有不少相关文献。而掘进工作面的通风方式为独头式通风，有关热害矿井掘进工作面的研究主要都集中在模拟研究方向。

1997 年 Kertikov、Ross 等[12,13]针对掘进工作面的换热问题，对巷道内空气的气候参数如温度、湿度等进行了模拟预测研究。2005 年，Onder、Sarac[14]等学者以土耳其西部的褐煤公司某煤矿为例，对风筒到达掘进工作面的风量的影响因素进行了分析，其影响因素按重要性排序分别为风筒直径、功率、风筒长度、摩擦系数以及漏风通道阻力系数。对于长距离通风而言，风扇并不是其最主要的影响因素，但对短距离通风却是重要影响因素。

而在国内，矿井降温理论研究始于 1954 年，关于高温矿井掘进工作面的通风降温研究与数值模拟方法的研究状况部分如下：2002 年，吴强、秦跃平[15]等学者对掘进工作面的围岩散热进行了有限元方面的计算。根据掘进面围岩温度场的特点，分析了在移动柱坐标下的导热微分方程，阐明了有限元计算的原理，说明了由温度场计算结果来计算围岩散热量的具体方法，剖析了掘进面温度场的规律和特点。2003 年，王海桥、施式亮[16–18]等学者对独头巷道的附壁射流通风流场进行了数值模拟研究，其将独头巷道压入式通风流场分为回流区、涡流区、附壁射流区和冲击射流区，并将掘进工作面通风定义为有限空间内受限附壁射流及紊流射流，得出了独头巷道压入式通风的流场规律。2008 年，肖林京、肖洪彬[19]等学者提出采用空冷器降温措施来解决综采工作面出现的高温问题。利用 ANSYS 软件对掘进巷道风流流场进行了数值模拟，得到了巷道内空气温度场、流场分布规律。模拟结果表明：掘进巷道安装空调的效果良好，空冷器安设位置的不同会影响工作面的降温效果。2009 年，向立平、王汉青[20]等学者对掘进面热环境及温度场进行了模拟研究。利用流体力学 CFD 软件——Fluent 模拟了在两种不同的风筒送风方式下，压入式局部通风掘进面风流与巷道围岩热交换的过程，得到了掘进巷道内温度场、速度场和人体热舒适指标 PMV–PPD 分布图。其认为在满足通风量的条件下，送风速度小、风筒口径大的送风条件下有利于气流对有害物质的稀释与排出。2009 年，朱庭浩、白善才[21]等学者以 PMV 为评价指标，对掘进面热环境进行了理论计算与数值模拟，并且根据速度分布、湿度分布及温度分布等模拟结果，计算出掘进面部分代表点的 PMV 值，结果表明：掘进工作面的 PMV 值普遍较大，尤其是在工作面的前端最大。

2011 年，张水平、秦娟[22]等学者运用 ANSYS 软件针对深井独头巷道的通风风筒内风流温度场、速度场进行了数值模拟，并且对比了普通单层风筒和双层风筒的隔热效果，模拟结果表明双层风筒具有较好的隔热作用，说明了空气层厚度与间隙进气孔数目是影响双层风筒的隔热效果的主要因素。2012 年，邬长福、汤民波[23]等学者阐述了在独头巷道内常用的四种通风方法，应用流体力学软件——Fluent 建立了数学模型并进行了数值模拟，对风筒出口到掘进工作面的流场进行了研究分析。结果表明：风筒出口风流存在有效射程，故需要控制好风筒出口距掘进工作面的距离。2012 年，孙勇、王伟[24]等学者在结合矿山实际情况后，运用 Fluent 软件针对不同的通风方案的热环境进行了数值模拟。三种通风方案的供风量分别为 600m³/min、450m³/min 和 300m³/min，模拟后得到其风流温度分布和速度矢量图。经过分析后得出了以下结论：在一定限度内增大供风量的确可以降低巷道温度，但当供风量超过某一限值时，降温效果将会越来越不明显，因此单纯采取改变供风量的方法并不能彻底地解决矿井的高温问题。

第二章　井下热害治理方法

2.1　井下热源种类

要治理矿井高温热害，就必须了解矿井高温热害的种类与形成原理。矿井热环境下会引起矿井气温升高的影响因素都称为热源，主要可分为两种类型，一是相对热源，其热源散热量与周围的气温差值有较大的关系，如巷道围岩放热、井下热水放热等；二是绝对热源，其热源的散热量受周遭环境的影响较小，如机电设备放热、各类化学反应放热等。

（1）巷道围岩放热。井巷地质地热条件是影响煤炭矿井开采工程热环境的直接因素。大量观测资料显示，高地温是导致矿井高温的主要原因。巷道围岩放热是矿井最主要的热源之一。井下的原始岩温随着岩石与地表的距离增加而上升，其温度的变化是由地心径向向外的热流造成的。原始岩温随着深度而上升的速度即地温梯度主要取决于岩石的热导率和大地热流值，温度梯度和矿井的深度决定了围岩的具体温度值。此热源可能出现的地点为各井巷、掘进工作面以及采煤工作面。

（2）井下热水传热。在一些涌水量较大的高温矿井中，涌出的热水放热是导致矿井热害的重要原因之一，且其放热量与周围环境温湿度有关。井下热水的放热量主要由水量和水温决定。矿井热水主要来自巷道渗水、地下涌水以及淋水，这类热水活动强烈，且多为脉状或裂隙脉状。当与井巷内风流间进行复杂热质交换后即发生矿井热害，介于其中有些热量参量无法准确确定，影响矿井热力计算精度。此热源可能出现的地点为水沟、水仓、泵房、管道与部分工作点。

（3）矿石氧化放热。煤、硫化矿、碎石、煤尘等发生化学反应时会放出热量，这是造成矿井内氧化放热的主要热源。但是在一般情况下，1个回采工作面的氧化放热量不超过30kW。此热源可能出现的地点为井巷与采煤工作面。

（4）机电设备放热。随着现代化开采技术的不断应用，使得采矿工程化水平也在不断提高，机电设备装机容量更是急剧加大，设备运转时产生的热量已经成为风流温升的又一个重要因素，对井下回采工作面热害影响十分明显。此热源可能出现的地点为机电硐室、有设备巷道以及采煤工作面。

（5）风流流动时自压缩形成的井下热源。准确地说，空气自压缩并不是热源，这是因为在重力场作用下，空气绝热地沿井巷向下流动时，其温升是由于位能转换为焓的结果，并不是由外部热源输入热流造成的。因此，它也成了高温矿井温度升高的原因之一。此热源可能出现的地点为进风井。

（6）井下爆破放热。在爆破过程中，炸药会产生高温高压气体，其中一部分用来破坏矿岩的结构，而另一部分则以热量的形式向矿井巷道内释放，同时也会使采下的矿石温度升高。因此井下爆破具有双重放热性，一是在爆破时期内迅速向围岩和空气放热，形成一个局部热源，二是炸药爆炸时有热传向围岩中，并以围岩放热的形式在长期内缓慢地向矿内大气释放出来。据资料显示，井下工作面爆破时常用的2号岩石硝铵炸药的爆破热为3639 KJ/kg，这是相当大的一部分热量。此热源可能出现的地点为掘进工作面与采场。

（7）局部热源放热。①水泥水化时放热：在利用水泥注浆进行加固地层或堵水时，水泥水化时所发生的化学反应会放出大量热量。此热源可能出现的地点为管道、充填体和采空区。②照明设备和井下工作人员等放热：在人员集中的采掘工作面上，工人放热是局部温度升高的原因之一；而照明设备仅能将电能的一部分转化成可见光，其余大部分的能力都将以热能的形式扩散到矿井中，形成局部热源。此热源通常存在于整个矿井。

2.2 矿井热害治理方法

纵观国内外的矿井降温技术，可以发现，目前广泛运用地降温技术大致可分为两类：一类是非人工制冷降温方法，另一类则是人工制冷降温方法。

（1）非人工制冷降温技术。非人工制冷降温技术主要是通风降温，通过合理的开拓方式与增加通风量的方法，再辅助其他的降温措施，如控制风流、控制热源、个体防护等方法来达到降温的目的。

1）增加通风量。多年来的矿井降温实践证明，在一定的条件下如原风量较小时，增加通风量能够在一定程度上改善井下温度。增加通风量也是治理热害矿井最经济的手段之一，其成本较低，但作用比较明显：增加通风量不仅能降低风温、排出热量，还能有效的改善热体的散热条件，提高井下工作人员的舒适感。但是，增加通风量也有其不足之处：当风量增加到一定程度时，降温效果就会减弱，同时，这也受到通风机通风能力的制约和井巷断面的限制，因此，增加通风量降温技术有着一定的应用范围。

2）控制热源的放热量。

a. 合理摆放热源体的位置，如发热量较大的大型机电硐室应该独立回风，以避免机电放热过多；

b. 巷道隔热，在高温巷道充填或喷涂绝热材料，以减少围岩放热量；

c. 管道和水流隔热，减小管道的放热量，同时呀减小热水对风流的增湿增温作用。

3）选择合理的矿井通风系统。在确定矿井的通风系统是，需要考虑降温，因此，一般有以下几个原则。

a. 尽量缩短进风路线的长度，来减少围岩的散热量；

b. 尽可能避免风流与煤流反向运行，以防止设备放热与煤炭运输放热被带入工作面；

c. 回采工作面通常采用下行通风，在采用下行通风时，风流一般从路程较短的上部巷道进入回采工作面，并且可以减少了煤炭放热的影响。

4）合理的开拓方式。确定合理的工作面长度来减小围岩的放热量

5）个体防护。对个别气候条件恶劣的工作点，由于技术和经济上的原因，不能够采取其他有效降温措施时，可对矿工采取个体防护的措施，穿戴轻便的冷却帽或者冷却背心。但冷却背心的问题在于长期穿戴冷却背心工人易出现风湿性心脏病、关节炎等疾病，因此，冷却背心通常用于紧急救援。

（2）人工制冷降温方法。18 世纪 60 年代，美国内华达州弗吉尼亚城的康斯达克矿，首度开始用矿车运输冰块来给矿工降温。19 世纪 20 年代，最广泛使用的蒸汽压缩制冷开始在矿井中应用，最先开始使用的是 1923 年巴西莫罗维罗矿和 1923 年英国彭德尔顿煤矿。19 世纪 30 年代，矿井空调技术得到了进一步的应用，例如印度的科拉尔金矿、南非的金矿等。然而一直到 1960 年代，人工制冷降温技术才真正地开始广泛应用于各大高温矿井。纵观国内外，从 20 世纪 60 年代以来，人工制冷降温技术在高温矿井的热害防治中的运用开始迅速发展，使用越来越广泛、技术也越来越成熟。自 20 世纪 80 年代起，我国开始采用机械制冷来治理矿井热害，经过 90 年代的迅速发展，到 21 世纪时，使用规模已经达到了发达国家的水平，虽然在技术上和发达国家还有一定的差距。从矿井热害治理的现状和趋势来看，人工制冷降温技术已经成为矿井降温的主要手段。

本章的主要阐述了井下热源形成的原因及通常生成的部位，这对了解热源治理热害有非常大的作用；还说明了国内外通用的高温矿井降温技术，包括通风降温、人工制冷降温方法等；最后本章重点讲解了双风筒通风降温的技术研究以及在本书中所研究的掘进工作面内长风筒通风短风筒抽风的双风筒布置。

第三章　计算流体动力学基础理论

计算流体动力学（Computational Fluid Dynamics，简称 CFD）是建立在经典流体动力学与数值方法基础上的一门新型独立学科，通过计算机数值计算和图像显示的方法，在时间和空间上定量地描述流场的数值解，从而达到对物理问题研究的目的[26]。计算流体动力学软件现在已经成为解决各种流体的流动与传热问题的强有力工具，因此 CFD 被广泛应用于土木工程、环境工程、水利工程、食品工程、工业制造、海洋结构工程、流体机械与流体工程等各种技术科学领域。

根据对控制方程的离散原理的不同，CFD 大体上可分为三个分支：有限差分法（FDM）、有限元法（FEM）、有限体积法（FDM）[27]。其中，有限体积法是将计算区域划分为一系列不重叠控制体积，将待解微分方程对每一个控制体积积分得出离散方程。有限体积法导出的离散方程在整个计算区域内保证了动量、能量和质量的守恒，而且离散方程系数的物理意义非常明确，计算量相对较小，因此，有限体积法被众多 CFD 商用软件所采用。

3.1　计算流体动力学控制方程

流体的流动要受物理守恒定律的支配，基本的守恒定律包括：质量守恒定律、动量守恒定律、能量守恒定律，而控制方程（governing equations）是这些守恒定律的数学描述。

（1）质量守恒方程。

但凡流动，则必须满足质量守恒定律的质量守恒方程（Mass conservation

equation）：

$$\frac{\partial \rho}{\partial t}+\frac{\partial(\rho u)}{\partial x}+\frac{\partial(\rho v)}{\partial y}+\frac{\partial(\rho w)}{\partial z}=0 \quad (3\text{-}1)$$

其中：ρ为密度；

t为时间；

u, v, w为x, y, z方向上的速度分量。

（2）动量守恒方程。

任何流动系统都必须满足动量守恒定律的动量守恒方程（momentum conservation equation），也称为 Navier–Stokes 方程（简称为 N–S 方程）：

$$\frac{\partial(\rho u)}{\partial t}+div(pu\mathbf{u})=div(\mu\ grad\ u)-\frac{\partial \rho}{\partial x}+S_u \quad (3\text{-}2)$$

$$\frac{\partial(\rho v)}{\partial t}+div(pv\mathbf{u})=div(\mu\ grad\ v)-\frac{\partial \rho}{\partial t}+S_v \quad (3\text{-}3)$$

$$\frac{\partial(\rho w)}{\partial t}+div(pw\mathbf{u})=div(\mu\ grad\ w)-\frac{\partial \rho}{\partial z}+S_w \quad (3\text{-}4)$$

其中：p为流体微元体上的压力；

矢量符号$div(\mathrm{a})=\frac{\partial a_x}{\partial x}+\frac{\partial a_y}{\partial y}+\frac{\partial a_z}{\partial z}$；

u 为速度矢量，u, v, w为速度矢量 **u** 在x, y, z方向上的速度分量；

$grad(\ )=\frac{\partial(\ )}{\partial x}+\frac{\partial(\ )}{\partial y}+\frac{\partial(\ )}{\partial z}$；

S_u, S_v, S_w是动量守恒方程的广义源项。

（3）能量守恒方程。

包含有热交换的流动系统都要满足能量守恒定律的能量守恒方程（Energy conservation equation）：

$$\frac{\partial(pT)}{\partial t}+div(puT)=div(\frac{k}{c_p}grad\ T)+S_T \quad (3\text{-}5)$$

其中：T为温度；

k为流体的传热系数；

c_p为比热容；

S_T为粘性耗散项。

（4）组分质量方程。

在某些特定的系统中，有可能存在着质的交换，或者说存在着多种的化学组分（species），其中的每一种组分都必须要遵守组分质量守恒方程（species mass-conservation equation）：

$$\frac{\partial(\rho c_s)}{\partial t}+div(\rho \mathbf{u} c_s)=div\left(D_s\ grad(\rho c_s)\right)+S_s \tag{3-6}$$

其中：c_s为组分 s 的体积浓度；

ρc_s组分的质量浓度；

D_s组分的扩散系数；

S_s组分的生产率。

（5）控制方程的通用形式。

比较四个基本控制方程，可以看出，尽管这些方程中的因变量各有不同，但是它们都反映了单位时间内单位体积内物理量的守恒性质。若用φ表示通用变量，那么上述的各控制方程都可以表示为同一个通用形式：

$$\frac{\partial(\rho\varphi)}{\partial t}+div(\rho \mathbf{u}\varphi)=div\left(\Gamma\ grad\ \varphi\right)+S \tag{3-7}$$

其中：φ为通用变量，可以代表u、v、w、T等求解变量；

Γ为广义扩散系数；

S为广义源项。

在式（3–7）中，各项依次对应为瞬态项、对流项、扩散项和源项。

3.2 基于有限体积法的控制方程离散化

在对指定的问题进行 CFD 计算前，要先对计算区域进行离散化处理，也就是要先对空间上的连续的计算区域进行划分，将其划分为多个子区域，并且确定每一个子区域上的节点，从而生成网格。随后，将控制方程在网格上进行离散，也就是把偏微分格式的控制方程转化成各个节点上的代数方程组。

在流体流动和传热的数值计算中，基于应变量在节点间的分布假设和推导离散方程的方法的区别，形成了有限元法、有限差分法和有限体积法等不同的离散化方法。而有限体积法（简称 FVM）近年来发展迅猛，被广泛应用于 CFD 领域，大多数的 CFD 软件都采用了这种计算效率高的离散化方法。

有限体积法又称为控制体积积分法，将计算区域划分为网格，并且每个网格点的周围都有一个彼此不重复的控制体积，将待解微分方程即控制方程对每一控制体积进行积分，从而得到一组离散方程组。简而言之，有限体积法的基本方法就是子域法加离散。

就离散方法而言，有限体积法是有限差分法和有限元法的中间物。有限元法必须假定φ值在网格节点之间的变化规律即插值函数，并将其作为近似解；而有限差分法只考虑网格点上φ的数值而不考虑φ值在网格节点间的变化，然而有限体积法不仅考虑网格点上φ的数值，在对控制体积积分时，必须假定φ值在网格节点间的变化，插值函数只用于计算控制体积的积分，得出离散方程之后，便可忘掉插值函数，而且对微分方程不同的项可以采取不同的插值方式[28]。

离散格式是指网格节点φ之间的变化规律即插值函数，CFD 中常用的离散格式有：一阶迎风格式、中心差分格式、混合格式、乘方格式、指数格式等低阶离散格式与 QUICK 格式、二阶迎风格式等高阶离散格式。

所谓的迎风格式就是指用上游节点的φ值来计算本节点的φ值。在一阶迎风格式中其扰动仅向流动方向传递，具有迁移性，但是精确解却表明φ值还与 pelect 数P_e有关。

$$P_e = \frac{\rho u}{\Gamma / \delta x} \tag{3-8}$$

在迎风格式中，扩散项与P_e数的大小无关，总是按照中心差分计算，可在P_e巨大时，界面上就几乎没有扩散作用了，此时迎风格式放大了扩散项的影响。

最近十余年的数值计算实践表明，一阶迎风格式会使计算结果产生比较严重的误差，因而采用一阶迎风格式来获得最终数值计算结果的做法已被某些国际学术刊物所限制[29]。

与一阶离散格式不同的是，二阶迎风格式不仅仅只使用上游节点的值，还会用到另一个上游节点的值。二阶迎风格式规定：

当流动沿着正方向时，有$u_w>0$，$u_e>0$，

$$\varphi_W=1.5\varphi_W-0.5\varphi_{WW},\varphi_e=1.5\varphi_P-0.5\varphi_W \tag{3-9}$$

当流动沿着负方向时，有$u_w<0$，$u_e<0$

$$\varphi_w=1.5\varphi_P-0.5\varphi_E,\varphi_e=1.5\varphi_E-0.5\varphi_{EE} \tag{3-10}$$

二阶迎风格式建立于一阶迎风格式基础之上，并考虑了物理量在节点间的分布曲率的影响。在二阶迎风格式中，对流项采用的是二阶离散格式，但扩散项依旧采用中心差分格式，使其离散方程具有二阶精度的截差。

QUICK 是 Quadratic Upwind Interpolation of Convective Kinematics 的缩写，意思是对流运动的二次迎风插值，它改进了离散方程截差，方法是通过增加界面上的插值函数的阶数来达到提高格式截断误差的目的。一种更加合理的方法是通过在分段线性插值即中心差分的基础上引入一个曲率修正。Leonard 提出曲率修正的方法是：

$$\varphi_e=\frac{\varphi_P+\varphi_E}{2}-\frac{1}{8}C \tag{3-11}$$

其中，C为曲率修正，计算方法是：

$$C=\varphi_E-2\varphi_P+\varphi_W\quad u>0 \tag{3-12}$$

$$C=\varphi_P-2\varphi_E+\varphi_{EE}\quad u<0 \tag{3-13}$$

QUICK 对于流项具有三阶精度的截差，但其扩散项依旧采用具有二阶截差的中心差分格式。因此，QUICK 格式常用于二维问题中的四边形网格或六面体网格，而对于其他类型的网格而言，二阶迎风格式即可。

3.3　基于 SIMPLE 算法的流场数值计算

3.3.1　流场数值计算的主要方法

在空间上用有限体积法或者其他类似的方法将计算区域离散为众多小的体积单元，在每个体积单元上建立需要的离散方程，再对离散后的控制方程组进行求解，这就是流场计算的基本过程。因此，对离散后的方程组的求解可以分为分离式解法和耦合式解法，流场数值计算方法分类如图 3-1 所示：

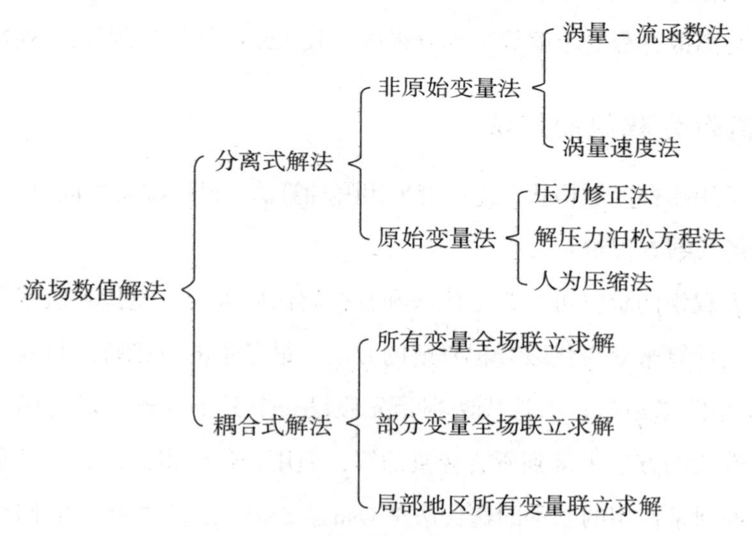

图 3-1　流场数值计算方法分类图

工程上目前运用最广泛、最具有代表性的是 SIMPLE 算法，属于压力修正法的一种，SIMPLE 的全称是 Semi-Implicit Method for Pressure Linked Equations，意思是求解压力耦合方程的半隐式解法。SIMPLE 算法的基本思想是：对于给定的压力场（可以是上一次迭代计算的结果，也可以是一个假定的值），再求解离散形式的动量方程，得到速度场。但压力场是不精确或假定的，求解得出的速度场一般不能满足连续方程。因此，要对给定的压力场进行修正处理，而修正的原则是：由修正后的压力场得出的速度场需要满足此次迭代层次上的连续方程。将在动量方程的离散形式中得到的速度与压力的关系代入连续方程的离散中，就可以得到压力修正方程以及压力修正值，再根据修正之后的压力场，求解得出新的速度场，若不收敛则重复上述过程，直到得到收敛的解。

从 1972 年 SIMPLE 算法问世以来，在计算流体力学以及传热学中得到了广泛的应用，同时也得到了不断的发展和改进。近年来，SIMPLE 改进算法的研究成果主要有：1980 年 Patankar 提出的 SIMPLER 算法，1981 年 Spalding 提出的 SIMPLEST 算法，1984 年 Doormal 与 Raithby 提出的 SIMPLEC 算法以及 1986 年 Issa 提出的 PISO 算法等。SIMPLE 算法的求解过程由控制方程组的离散化、压力修正与离散方程的求解等三部分组成，其大致的计算流程如图 3-2 所示。

3.3.2 离散方程组的解法

不管采用哪种离散格式，也不管采用哪种算法，最终都将生成离散方程组，都需要求解代数方程组。

代数方程组的求解可分为迭代法和直接解法两大类。直接解法就是通过有限步的数值计算来获得代数方程真解的方法，最基本的直接解法是高斯消去法和 Cramer 矩阵求逆法；而迭代法则是先假设一个关于求解变量的场分布，再通过逐次迭代的方法来得到所有变量的解，但用迭代法得到的解通常是一个近似解，目前通常使用的基本的迭代法是 Gauss-Seidel 迭代法和雅可比迭代法。

由于 Cramer 矩阵求逆法值使用于方程组规模非常小的情况，高斯消去法虽然使用的方程组规模较大，但其效率比迭代法低；Gauss-Seidel 迭代法和雅可比迭代法均易在计算机上实现，但当方程组规模较大时，获得收敛解的速度会很慢，因此，CFD 软件通常都不使用这类方法。目前广泛应用于 CFD 软件的解法是托马斯开发的 TDMA 解法，能够快速地求解三对角方程组。

得到的离散化方程组均是非线性的，在求解此类非线性的方程组时，一般采用迭代的方法：先假设一个未知的量场，由此计算离散方程的系数，再求解方程，获得修正值，如此反复，直到获得最终的收敛解。

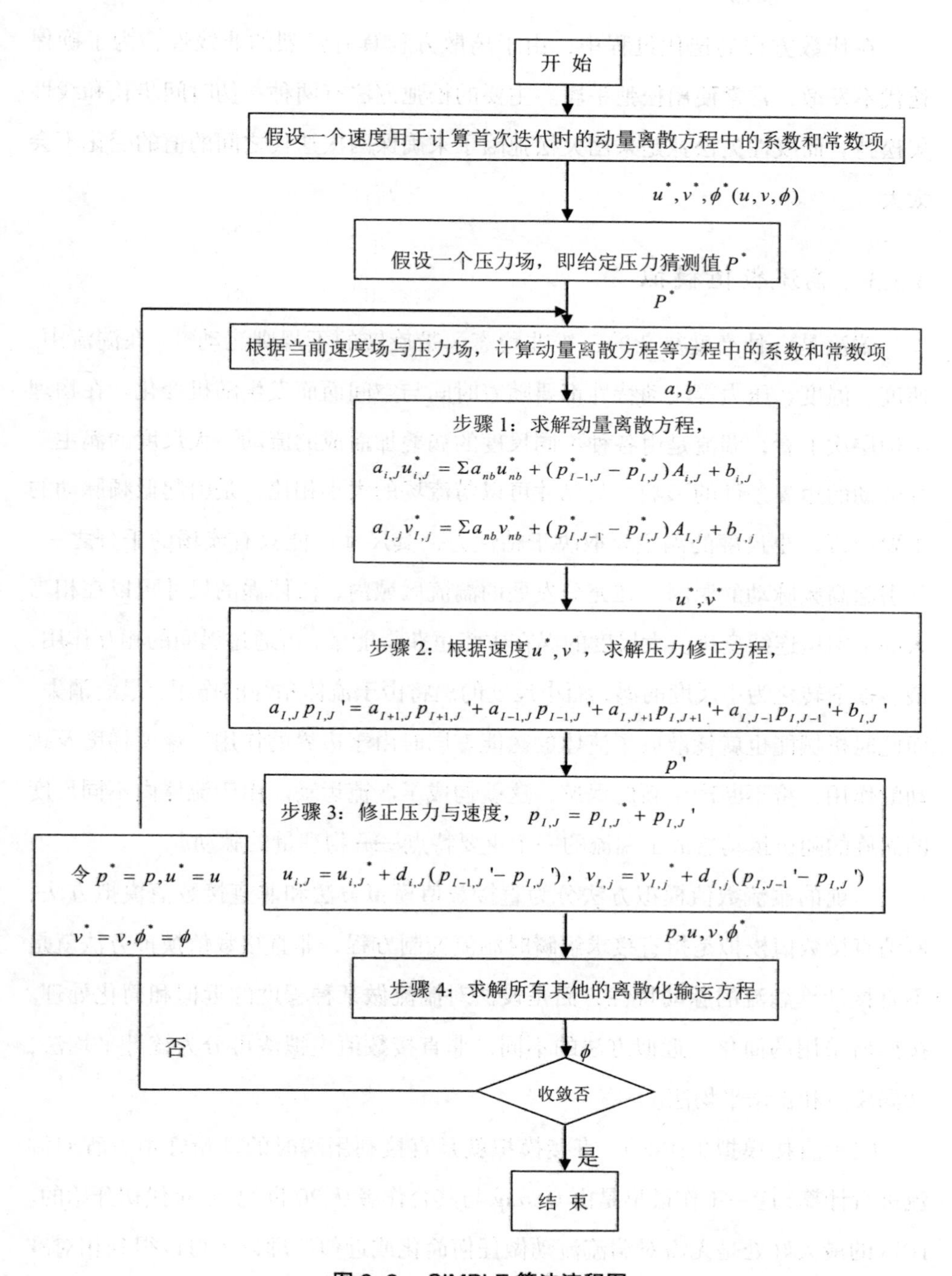

图 3-2　SIMPLE 算法流程图

在代数方程的迭代过程中，由于离散方程具有强烈的非线性，为了确保迭代不发散，常常使用松弛手段。主要的松弛方法有两种：伪时间步长和线性欠松弛。而线性欠松弛是采用欠松弛因子来确保两次迭代之间的值的变化不会太大。

3.3.3 湍流数值模拟

湍流是一种高度复杂的三维非稳态、带旋转的不规则流动[30]。在湍流中，速度、温度、压力等流动特性都要随着时间与空间而而发生随机变化。在物理结构层次上看，湍流是由各种不同尺度的涡叠加而成的流动，大尺度的涡主要受流动的边界条件的影响，其尺寸可以与流场的大小相比，是引起低频脉动的主要原因；小尺度的涡主要取决于粘性力，其尺寸可能只有流场的千分之一，是引起高频脉动的原因。在充分发展的湍流区域内，流体涡的尺寸可以在相当大的范围里连续变化。大尺度的涡在主流里获得能量，再通过涡间的相互作用，最后逐渐转化为小尺度的涡，而小尺度的涡将由于流体粘性的作用，最终消失，而此时机械能也就耗散成了流体的热能。同时由于边界的作用、速度梯度及扰动的作用，将不断产生新的涡旋，这就构成了湍流运动。由于流体内不同尺度的涡旋的随机运动造成了湍流的一个重要特点——物理量的脉动。

目前的湍流数值模拟方法分为直接数值模拟方法和非直接数值模拟方法，所谓直接数值模拟是指直接求解瞬时湍流控制方程，非直接数值模拟方法就是不直接计算湍流的脉动特性，而是设法对湍流做某种程度的近似和简化处理。按照所采用的简化、近似方法的不同，非直接数值模拟法可分为统计平均法，大涡模拟和雷诺平均法。

（1）直接模拟（DNS）。直接模拟就是直接利用瞬时的动量守恒方程对湍流进行计算，这一工作最早是由 Orszag 与其合作者从 20 世纪 70 年代初开始的。DNS 的最大好处是无需对湍流流动做任何简化或近似，理论上可以得到相对准确的计算结果。但直接模拟法对计算机的计算速度和内存空间的要求非常高，目前还无法直接用于真正意义上的计算。

（2）大涡模拟（LES）。大涡模拟是通过放弃全尺度上涡的运动来进行模拟计算的它只把比网格尺寸大的湍流运动通过动量守恒方程直接计算出来。其基本思想可以概括为：用瞬时的动量方程直接模拟湍流中的大尺度旋涡，放弃直接模拟小尺寸涡，小尺度涡对大尺度涡的影响由近似模型来考虑。

（3）雷诺平均法（RANS）。雷诺平均法的核心是不直接求解瞬时的动量守恒方程，而是通过某种模型在时均化的方程中体现出瞬态的脉动量，求解出时均化的雷诺方程。这样就可以避免直接模拟法计算量大的问题，也对实际的工程应用有很好的效果，因此，雷诺平均法成了目前使用最为广泛的湍流数值模拟方法。

在雷诺时均方程中，物理量的脉动值φ'，时均值$\overline{\varphi}$及瞬时值φ间有如下关系：$\varphi=\overline{\varphi}+\varphi'$，因此，雷诺时均方程可用张量形式表示为：

$$\frac{\partial}{\partial t}(pu_i)+\frac{\partial}{\partial x_i}(pu_iu_j)=-\frac{\partial p}{\partial x_i}+\frac{\partial}{\partial x_j}\left[\mu\frac{\partial u_i}{\partial x_j}-p\overline{u_i'u_j'}\right]+S_i \tag{3-14}$$

其中：i, j的取值范围是 1,2,3；

$-p\overline{u_i'u_j'}$是 Reynolds 应力项。

由式（3-14）可知，在时均方程中有一个新的未知量——$-p\overline{u_i'u_j'}$，这是有关于湍流脉动值的雷诺应力项，因此要想方程组封闭，就必须建立应力的表达式，也就是要引入新的湍流模型方程。根据对雷诺应力作出的假定与处理方式不同，现在常用的湍流模型有两大类：雷诺应力模型以及涡粘模型。

1）雷诺应力模型。在雷诺应力模型中，通常是直接构建出新的雷诺应力方程，再进行求解。一般来说，雷诺应力方程是微分形式的，称之为雷诺应力方程模型，如果将微分形式简化为代数形式，那么就形成了代数应力方程模型。因此，雷诺应力模型分为雷诺应力方程模型和代数应力方程模型两类。

2）涡粘模型。与雷诺应力模型不同的是，涡粘模型不直接处理雷诺应力项，而是重新引入湍动粘度，又称为涡粘系数，然后将湍流应力表示为湍动粘度的函数。湍动粘度的提出是起源于 Boussinesq 提出的涡粘假定，此假设建立了雷诺应力项对应于平均速度梯度的关系：

$$-\rho\overline{u_i'u_j'} = \mu_t\left(\frac{\partial u_i}{\partial x_j}+\frac{\partial u_j}{\partial x_i}\right)-\frac{2}{3}\left(\rho k+\mu_t\frac{\partial u_i}{\partial x_i}\right)\delta_{i,j} \quad (3\text{–}15)$$

其中：μ_t是湍动粘度；

u_i是时均速度；

$\delta_{i,j}$为 Kronecker delta 符号（当$i=j$时，$\delta_{i,j}=1$,当$i\neq j$时，$\delta_{i,j}=0$）；

k 为湍动能，（turbulent kinetic energy）

$$k=\frac{\overline{u_i'u_j'}}{2}=\frac{1}{2}\left(\overline{u'^2}+\overline{v'^2}+\overline{w'^2}\right) \quad (3\text{–}16)$$

由此可见，在引入 Boussinesq 假定之后，计算湍流强度的关键之处就在于如何确定μ_t。这里的μ_t是空间坐标的函数，取决于流体的流动状态，而不是物性参数。而所谓的涡粘模型，就是把湍流时均参数与μ_t联系起来的关系式。根据确定μ_t的微分方程的数目，涡粘模型可分为两方程模型，一方程模型以及零方程模型。

目前在实际工程应用中使用最为广泛的湍流模型是两方程模型，而标准k-ε模型是最基本的两方程模型，标准k-ε模型是建立在 k 方程的基础上，再引入一个湍流耗散率ε后形成的。Launder 和 Spalding 在 1972 年提出了标准k-ε模型，但标准k-ε模型用于带有弯曲壁面的流动或强旋流是，会出现一定程度的失真，为了弥补这样的缺陷，许多学者提出了对标准k-ε模型的修正方案，如 RNG k-ε模型和 Realizable k-ε模型 。

Yakhot 和 Orzag 在 1986 年提出的 RNGk-ε模型，意为重正化群k-ε模型，通过在大尺度运动与修正后的粘度项来体现小尺度的影响，从而在控制方程中有系统的去除小尺度运动，RNGk-ε模型能够更好地处理流线弯曲程度较大的流动以及高应变率的情况。但是，RNGk-ε模型仍然是针对分发展的湍流，也就是高雷诺数的湍流计算模型，而对雷诺数较低的流动和壁面附近的流动，就必须配合低雷诺数的k-ε模型或壁面函数来使用。

Realizable k-ε模型现在已经被有效地运用于各种不同类型的流动模拟，包括带射流和自由流的混合流动、管道内流动、边界层流动、旋转均匀剪切流，以及带分离流动等等。

本章主要内容为流体动力学的理论研究，包括三个每个流动都必须遵守的控制方程——质量守恒方程、动量守恒方程、能量守恒方程，以及涉及组分输运的组分质量守恒方程。然后阐述了基于有限体积法的控制方程离散化，解释了有限体积法，描述了各类离散格式如一阶迎风格式、二阶迎风格式、QUICK格式等。最后阐述了基于SIMPLE算法的流场数值计算方法，详细讲解了湍流数值模拟的方法，如直接模拟法、大涡模拟法和雷诺平均法。

第四章 Y型工作面风流流动与传热的数值模拟研究

4.1 数值软件简介

4.1.1 Gambit 简介

通过流体计算系列软件 Gambit 及 Fluent 来对 Y 型回采工作面风流流动与传热现象进行数值模拟和分析。Gambit 软件的作用主要的用于前处理，包括了建立我们所需要的几何模型，再根据模型选取合适尺寸来划分为网格，使我们能够在相比较而言更短的时间内得到更精确的结果。再利用 Gambit 建模的时候，我们可以通过清晰的用户界面来达到我们的要求，可以通过输入命令，也可以通过用户界面各种选项来对模型进行设置，是非常简单而直接的。我们一般做的即使建立尺寸相同的模型，划分网格，对各种边界和面进行定义，方便了我们后面的数值模拟。

Gambit 具有的强大功能，并且能够快速的更新，Gambit 适合于建立很多简单的模型，对于复杂的，我们通常会从很多专业的建模软件导入 Gambit，Gambit 可以导入很多软件的文件，包括我们常用的 CAD 和 ANSYS 等，同时在导入的过程中，为了配合 Fluent 的使用，Gambit 会自动的进行修补功能，对于导入的集合体，通常会整合点、线、面，新增几何修正工具条，来是模型达到要求，通过这些修正，修补尖角以及消除短边等，保证了导入几何体的精度，这样的设定会使 Gambit 和与相关的 CAD 软件的链接导入更加稳定，提高导入几何体的质量，我们也不必要花费大量的时间去修改，Gambit 的网格划分能力非常出众，即使对于复杂的几何区域，它仍然能够用正四面体、六面体来完整的划分模型，使用时选取一个划分尺度，非常重要，尺寸大了的话，有些地方划不出来，尺寸太小的话，导致计算量大，结果出得慢。

4.1.2　Fluent 简介

Fluent 软件是在 1983 年推出的，随着时间不断的更新发展，Fluent 慢慢成为商用 CFD 中的佼佼者，目前国际上使用普遍，一般情况下如果涉及流体、热量传递等方面的问题时，运用 Fluent 都能很好在给以解决。Fluent 软件是功能非常全面，速度场、温度场都能比较直观清晰的显示出来，而且适用性广，可以同多种软件交互同时使用。

Fluent 是目前在国际上比较流行的商用 CFD 软件包，在美国的市场占有率为 60%[31]。Fluent 是用于模拟分析几何区域内流体流动与传热问题的软件，它具有非常多的物理模型、优秀的数值计算方法和完善的前后处理功能。Fluent 广泛应用于各类涉及流体流动及传热的工程问题，如航空航天设计、石油天然气工业上的井下分析、燃烧、污染物运移、多相流以及管道流等。

Fluent 软件包包括了前处理器、求解器和后处理器。

（1）前处理器——Gambit：Gambit 主要用于生成网格，它具有超强组合建构模型能力的专用的 CFD 前置处理器。Gambit 可以生成的网格类型有非结构化网格、结构化网格和混合网格。Gambit 的几何修正功能非常灵活方便，既能保证原始的几何精度，又能够通过虚拟几何自动缝合小缝隙。

Gambit 生成的网格单元大致可分为两类：用于二维问题的四边形网格和三角形网格，用于三维问题的六面体网格与四面体网格，甚至还有楔形网格和金字塔型网格。具体分类如图 4-1 所示。

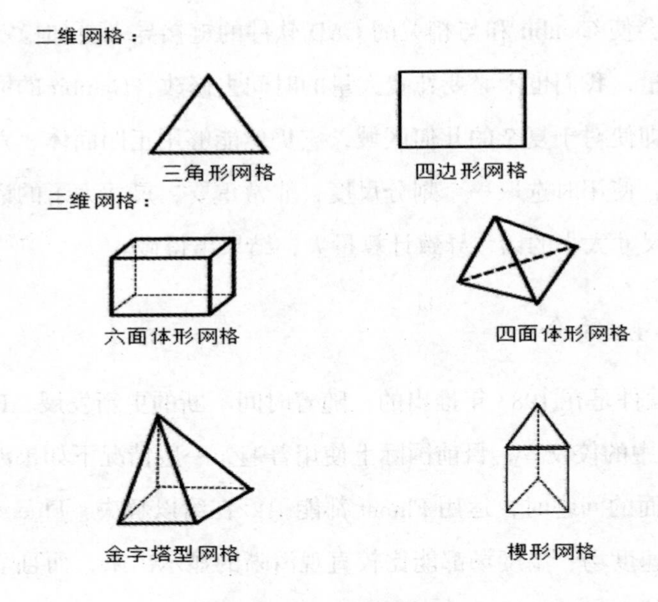

图 4–1　网格分类图

（2）求解器：是流体计算的核心，其主要功能包括导入在网格生成软件中划分好的网格、提供用于计算的物理模型、定义材料性质与边界条件、求解。Fluent 支持的网格生成软件包括 Gambit、TGrid、prePDF、GeoMesh，及其他 CAD/CAE 软件包，仅使用 Gambit 软件进行网格划分。

（3）后处理器：Fluent 自带较为强大的后处理器。Tecplot 是一款相当专业的后处理软件，能够把一些数据可视化，可以适应对数据处理要求较高的人群的需要，将采用 Fluent 自带的后处理软件进行后处理。

作为 ANSYS 公司的门面产品，Fluent 软件相比较其他数值模拟软件有很多优势，Fluent 大多的时候都是运用建立在完全非结构化网格的有限体积法来进行处理我们的模型，以达到优化的目的，通常的有定常和非定常流动模拟，层流和紊流，以及比较重要的不可压缩和可压缩流动。Fluent 和其他软件相比的区别如下：当处理一些边界问题的时候，Fluent 通常会使用动 / 变形网格技术，我们要做的只是设定初始条件以及壁面所要满足的一些条件，剩余的求解器会自动帮我们计算。不只是 Gambit 有强大的网格修复能力，Fluent 也有，它能支持各种网格，不管是不连续的网格还是混合网格，Fluent 拥有基于适应各种网格的能力动态适应以及网格适应，Fluent 的后处理有三种包括了非耦合隐式算法、耦合显式算法、耦合隐式算法。

Fluent 软件中湍流模型的种类有 Spalart–Allmaras 模型和雷诺应力模型组、大涡模拟模型组，最新的分离涡模拟和 V2F 模型也可以得到应用。我们也可以根据实际的情况定义适合的湍流模型。尽管利用 ANSYS 系列产品进行矿井通风与降温的案例还很少，但是利用其来计算表示相关热环境场的案例还是不少的，例如用 Fluent 模拟小区热环境，在对管道内部的细部流场进行 Fluent 的数值模拟。Fluent 软件的优点其实很多，第一，可以面向的方面很多，有各种优化模型，我们可以选择适合的数值解法来解决某一类的物理流动问题。通过离散格式的相互比较，权衡计算速度、精度等许多要素，以期达到更好的效果。第二，良好的稳定性，通过 Fluent 计算的数值模型，通常与现场测量值吻合，而且精度可以达到二阶精度，这是有很大优势的。

对于 Fluent 通常我们采用下面的步骤来依次解决工程问题：

（1）利用 Gambit 创建几何和网络模型，设定求解器的类型与边界条件类型。

（2）根据我们的模型，选着适合的 Fluent 求解器，检查网格划分是否合适。

（3）选择求解器及运行环境。

（4）对于所建立的模型，看要不要考虑能量方程，粘性的大小，以及是否用到多相流等。

（5）设置材料特性和边界条件。

（6）确定边界条件、松弛因子和计算控制参数，并初始化。

（7）开始迭代求解并得出残差图，温度图，速度矢量图。

（8）进行后处理。

4.2 物理模型定解条件及处理

模拟研究对象是 Y 形综采工作面，该巷可以看做传统 U 型回采工作面多加了一条回风巷道，巷道俯视图如图，巷道简化为高 2.8m、宽 4.2m，两个进风口，自然进风口条件为温度 25℃，相对湿度 60%，速度 1.5m/s；风筒进风为温度 10℃，相对湿度 60%，速度为 11m/s，两个压力出口，出口压力都 109375Pa。

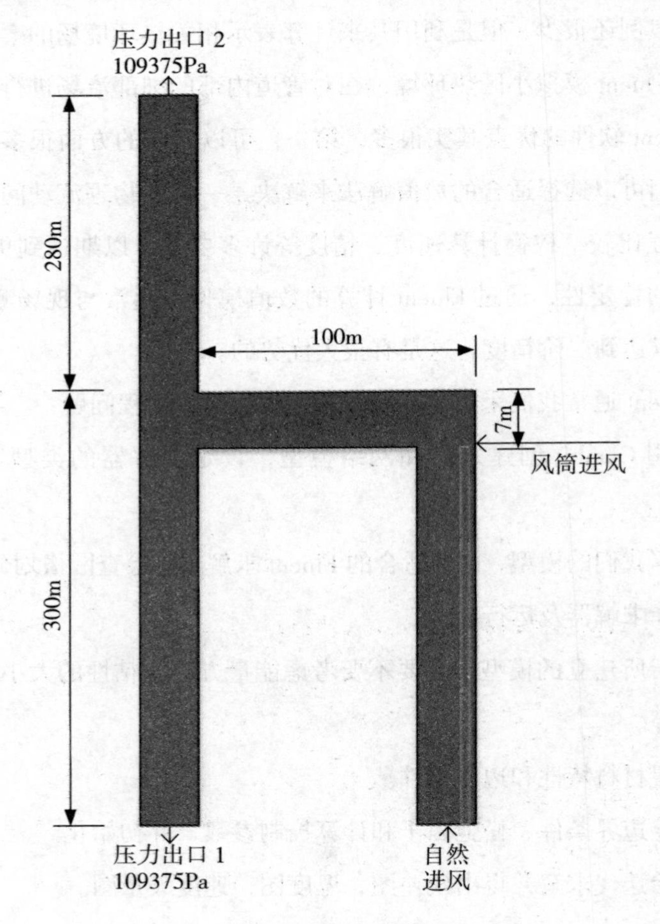

图 4-2　工作面结构

在此物理基础上，下面的假设：

（1）高温热害主要是由岩温的升高引起的，而且工作面新暴露煤壁温度接近原始岩温，所以为了简化计算，我们假设岩温恒定为 33℃。

（2）流体的紊流粘性具有各向同性。

（3）通常我们把巷道内风流当做不可压缩的流体，为了简化模型，忽略在风流流动过程中，粘性力引起的耗散热。

通过 Gambit 软件来建立巷道模拟模型。

（1）进入 Gambit 工作界面，用默认求解器，根据相关巷道尺寸，创建 Y 型综采工作面模型。

（2）对巷道主体内区域划分网格，利用 TGIRD 程序直接对整体进行网格划分，Interval size 为 0.4，将模型划分为四面体网格。如图 4–3。

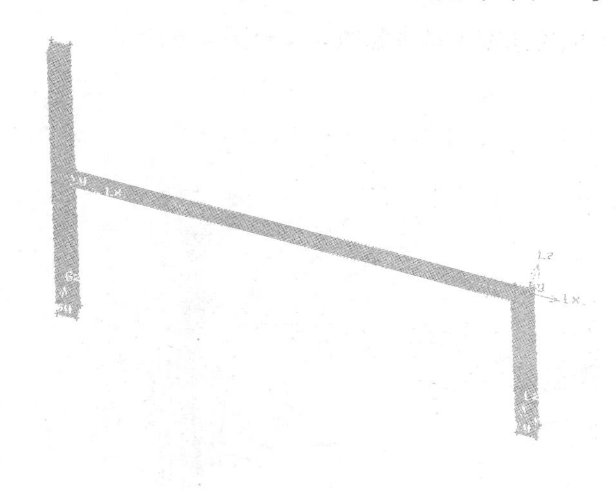

图 4–3　工作面模型

（3）边界类型。

①入口边界：本模型有自然进风口和风筒进风口，由于我们所研究的对象是不可压缩流体，而且我们假定了入流速度、相对湿度、温度。选择速度进风入口（Velocity–inlet）的边界更加适合，这种边界条件很适合于应用在巷道风流这种不可压缩的流动问题，注意如果是可压缩问题，我们不能使用，因为在可压缩问题中，应用这种边界条件会导致在温度场处的总温或总压发生不应有的波动。

②出口边界：有两个压力出口，由于我们知道了出口的压力（static gauge pressure），所以选择压力流出边界（pressure-outlet），这类边界的优点是只需要将出口气压和标准大气压的差作为出口条件，因为我们给定 static gauge pressure，所以使用压力流出边界能够更好地描述外界的环境压力对模型巷道的影响。同时，可以定义径向的压力分布。

③壁面边界：除了两个进风口，两个压力出口，其余全部设为固体壁面边界条件，但是注意区分风筒外壁和综采工作面温度的不同。

4.3　模型计算结果及分析

（1）工作面风流速度矢量场如图 4–4 至图 4–6 所示。

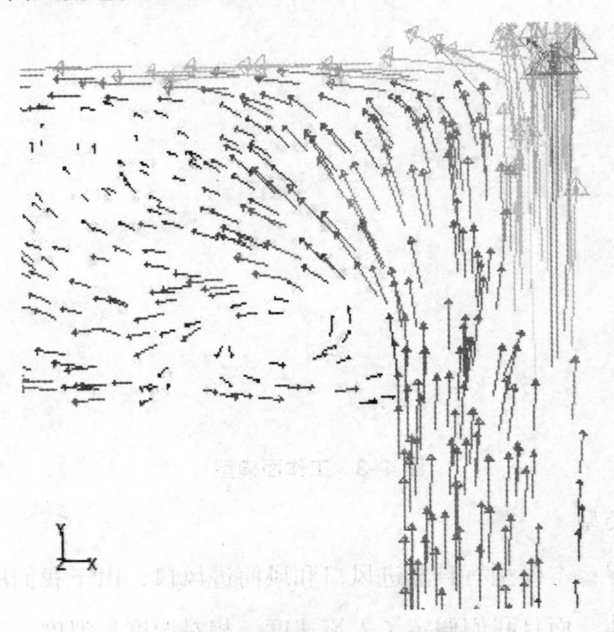

图 4–4　进风隅角风流速度矢量曲线

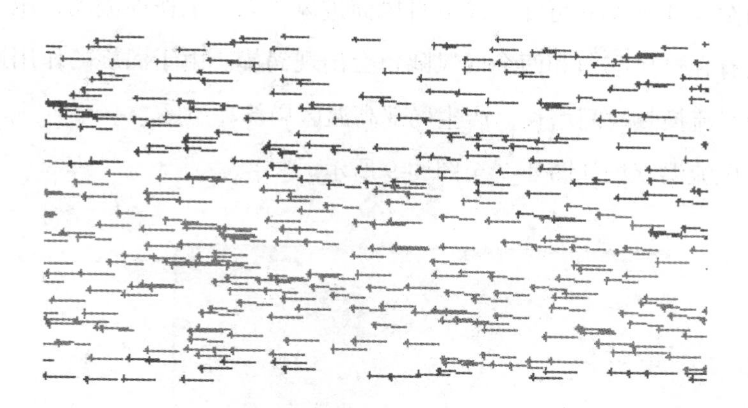

图 4-5　回采工作面风流速度矢量曲线

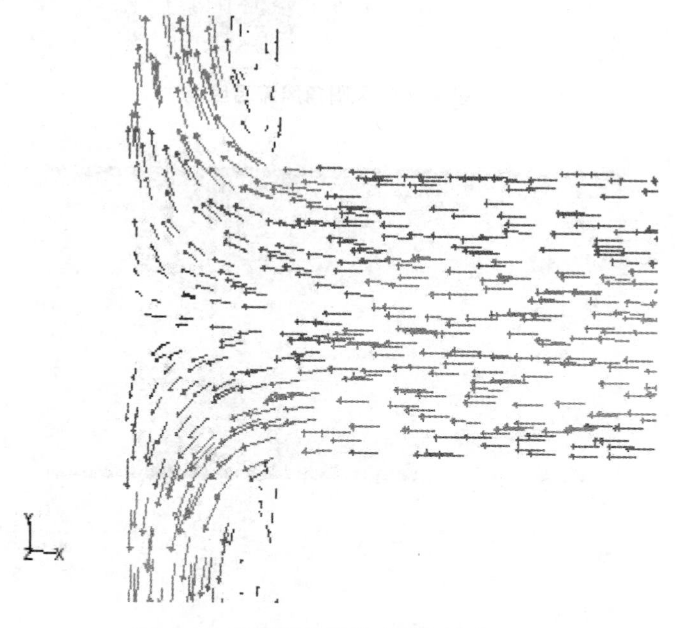

图 4-6　回风隅角风流速度矢量曲线

观测图 4–4 到 4–6 可知，风流自风筒进风，以及工作面流动，压力出口流出中，只有在进风隅角和两个回风隅角会出现涡旋。由于涡旋的作用造成风流与热源的对流换热时间增长，产生局部高温区局部高温区。

（2）风流温度场如图 4–7 至图 4–9 所示。

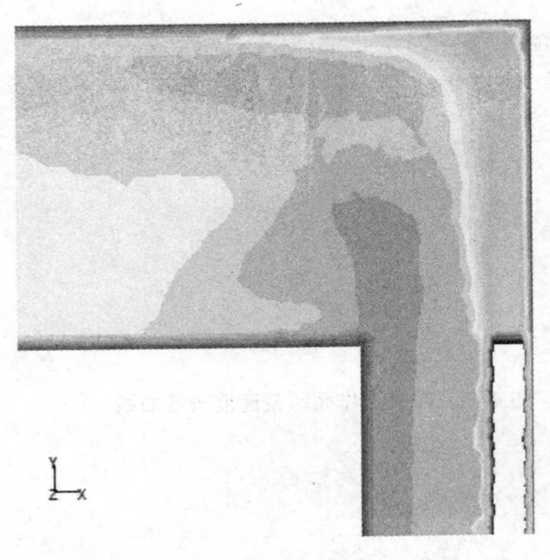

图 4–7 进风隅角风流温度场

图 4–8 回采面风流温度场

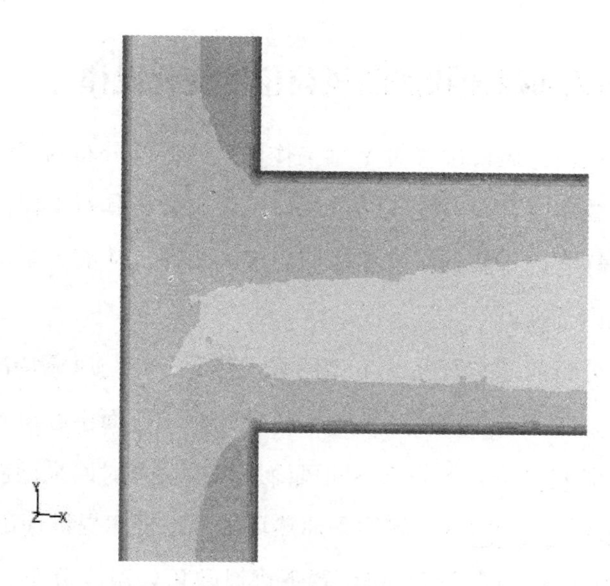

图 4-9　回风隅角风流温度场

上面三幅图可知，在工作面的同一断面上，风筒进风口风流温度最低，煤壁处温度最高，从岩壁向内温度呈减小的趋势变化。工作面温度沿风流方向逐渐降低。从风筒进风口局部区域内，降温效果显著，但往后呈现上升趋势。并且进风槽的风温从贴近内壁往外逐渐降低，因为风流和岩壁、风筒壁发生热交换。

比较图 4-4 与图 4-7 可知，风流在进风隅角处由于流线发生弯曲，致使涡旋产生，形成一个局部高温区，贴近避免温度高。工作面中间区域，由于风筒进风温度低，与工作面空气热交换速度快，所以显示有层次的降温，

比较图 4-5 与图 4-8 可知，风流自进风隅角涡旋之后，工作面内侧由于煤体新暴露于空气中，温度较高，所以风流在工作面往后热交换速度增大，温慢慢升高。

由图 4-6 与图 4-9 可知，两个回风隅角处的风流温度较高，在整个工作面属于温度较高区域。这是因为在回风隅角处出现涡流，原因是风流从采空区，煤壁吸收的热量难以散发，且大功率转载机散发热量很多。

4.4 Y 型回采面风流状态随风筒位置变化规律

为了研究风筒进风口位置对 Y 型工作面风流温度分布的影响规律，通过保证风流热力参数不变，来改变风筒进风口位置来分析其对工作面风流热力学特性的影响，这样有助于我们了解工作面温度的规律，从而为制定经济有效降温方案，提供理论基础。

根据上面分析的基本情况下 Y 型回采面热源分布与风流特征及流线发生弯曲与绕流现象，我们选择进风隅角与回风隅角，工作面中心位置，两个压力出口区域为主要研究对象，来分析不同风筒进风口位置对回采面温度场及流场的影响规律，使我们更加深入了解回采面热环境分布规律提供理论依据。

图 4–10 所示为不同风筒入口位置下进风隅角处温度分布云图。从图 4–12 可知，风流在从轨道顺槽流入进风隅角之间，温度是逐渐升高的，而且靠近工作面岩壁温度较高，巷道的横切面温度是从靠工作面一侧往外呈梯度变化的。

比较图 4–10（a）到（c），进风隅角靠工作面一侧都出现了高温区域，这是因为在进风隅角靠工作面一侧处，风流流线发生的弯曲，产生了涡旋，涡旋区域风流与高温工作面岩壁进行对流而吸收的热量，散发不出去，故形成局部高温区。比较（b）和（c）发现两种安放方式在该局部的降温效果是差不多的，（a）区域局部高温区偏离，还是贴近于进风隅角靠工作面一侧，主要是受到了风筒进风的影响。

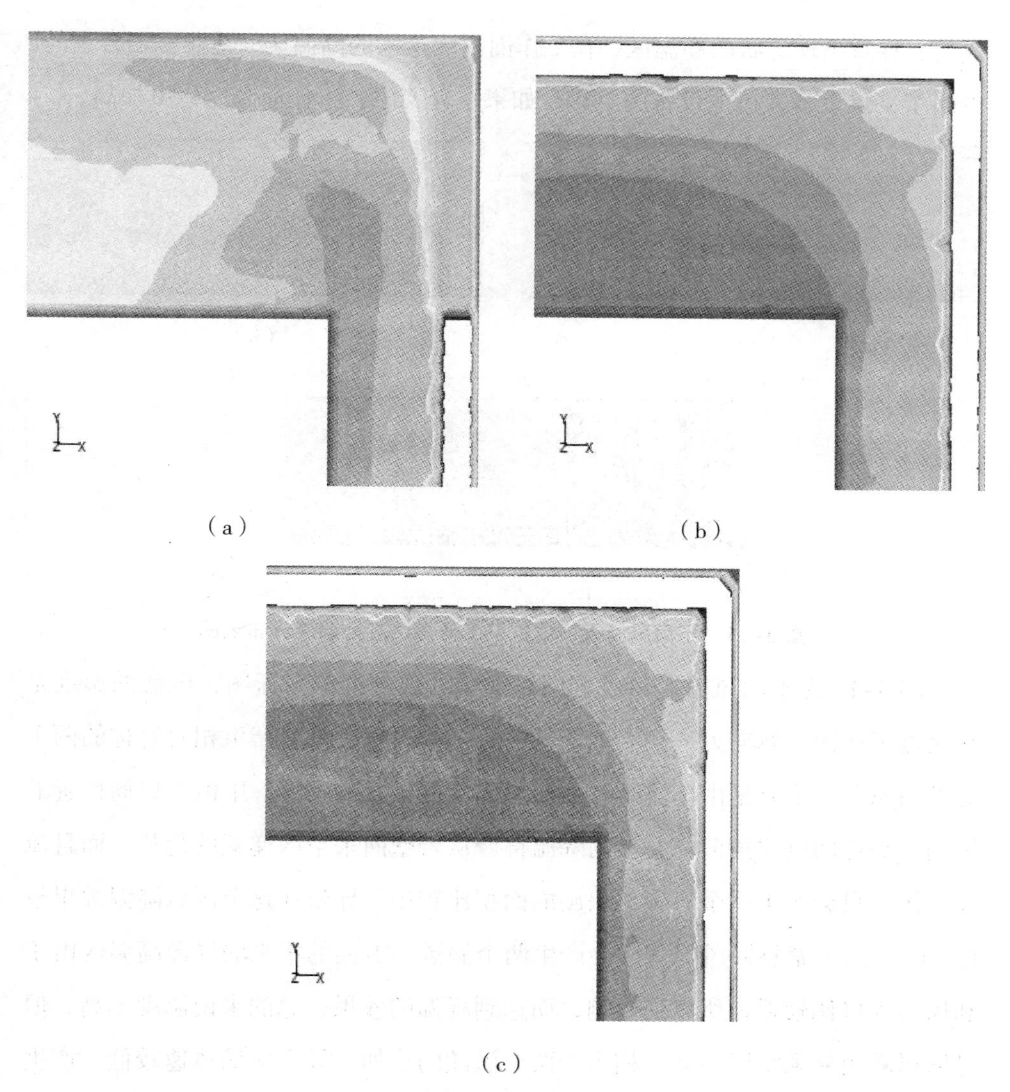

图 4-10　不同风筒入口位置下进风隅角处温度分布云图

从图 4-11 为不同风筒入口位置下工作面中点处温度分布云图，图中取的研究对象都是采煤工作面中点处，可以发现（a）图中，工作面的降温效果良好，（c）中温度也和前面一样，从工作面向靠近采空区处，温度呈现趋势下降。可以看出，虽然风筒出口位置在工作面中心处，但是（b）图表现的降温效果并不是很明显，反而由于风筒进风和巷道里面的风流交汇，速度相差大，产生了涡旋，导致出现片状的高温区，在工作面出现这样的高温区，是非常不合理的，忽略了采煤设备、机电设备的放热，如果一起考虑，工作面温度将更加高。

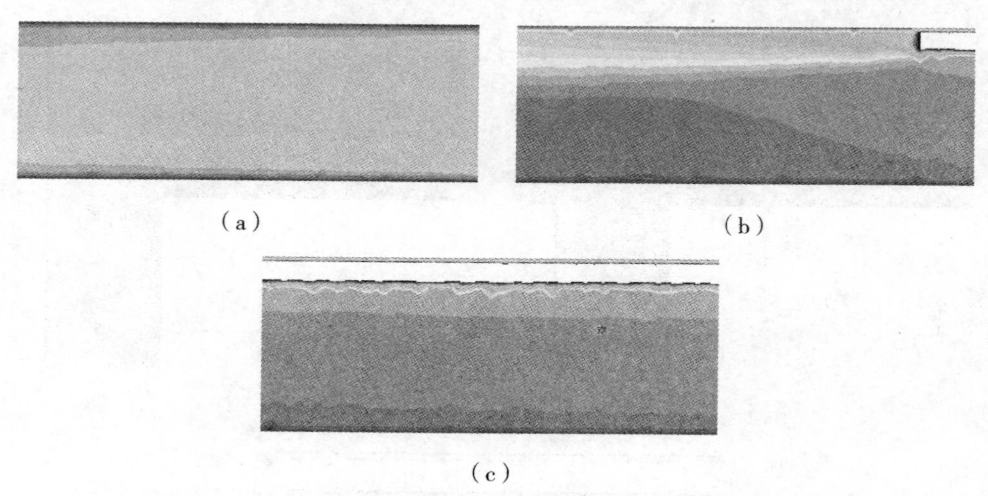

（a）　　（b）

（c）

图 4–11　不同风筒入口位置下工作面中点处温度分布云图

图 4–12 为不同风筒入口位置回风隅角处温度的分布云图，风流的温度是从靠近工作面一侧向另一侧温度降低的，（a）图中，将会产生相对对称的两个局部高温区，主要是由于流线弯曲产生涡旋而导致的。（b）中由于风筒位置的影响，到达回风隅角前，温度的降温符合从岩壁向采空区递减的趋势，而且流速较慢，只会产生一个涡旋，涡旋的面积比较小，导致在这个区域降温效果较好。（c）由于紧靠回风隅角，会产生两个涡漩，上面的本来的局部高温区由于和风筒入口比较近，所以受影响，而达到降温的效果，总的来说温度不高，但是回风隅角靠采空区一侧，相当于两个涡漩的叠加，导致区域风速较低，产生高温区。

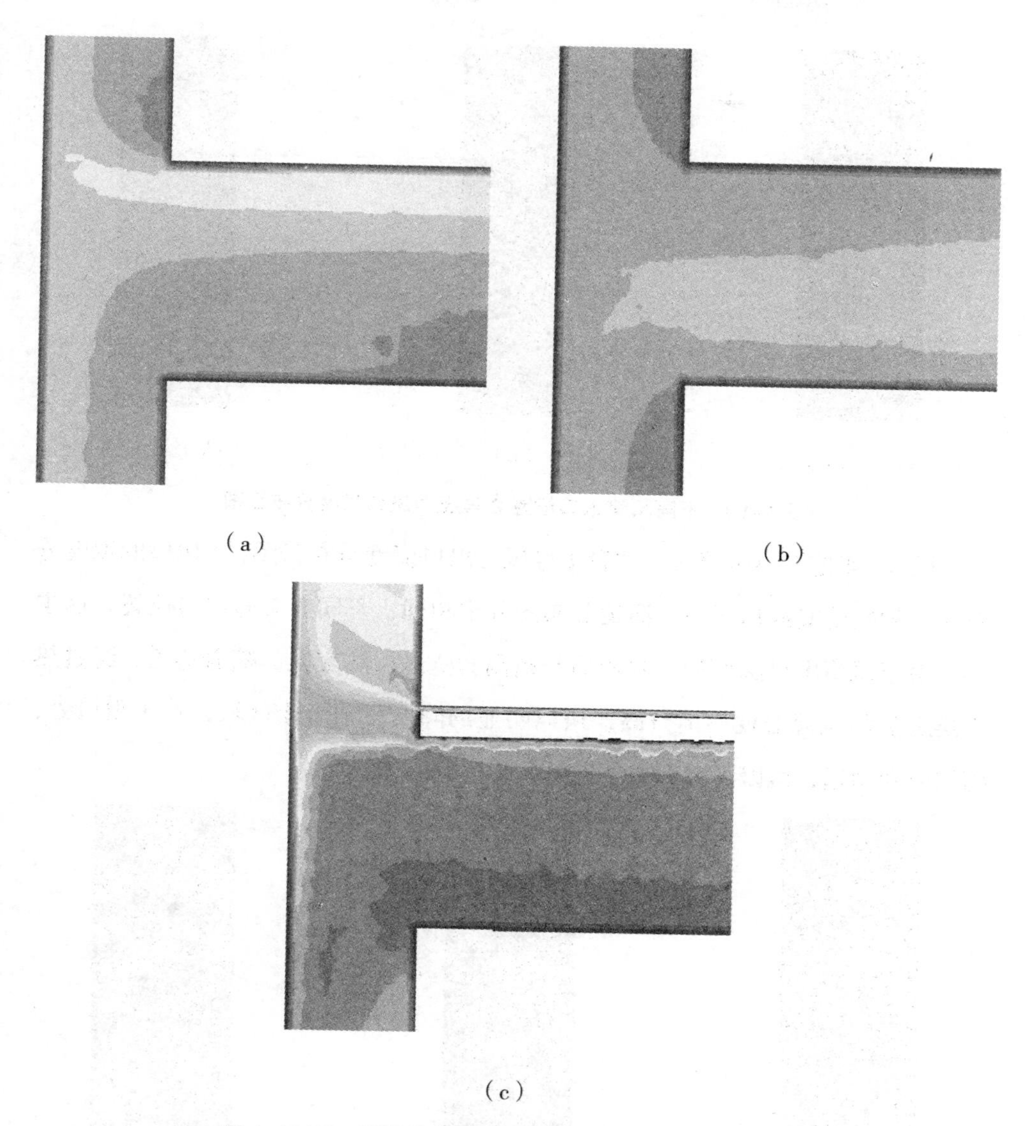

图 4-12 不　同风筒入口位置回风隅角处温度分布云图

图 4-13 是不同风筒入口位置 2 号压力出口温度分布云图，都是由岩壁向中间梯度降温的趋势，靠近岩壁温度高，中间较低。(c) 降温很明显，主要是风筒安放位置的影响，风筒安放在回风隅角处，风筒风流和岩壁发生热交换，风筒风流温度低，导致的降温。

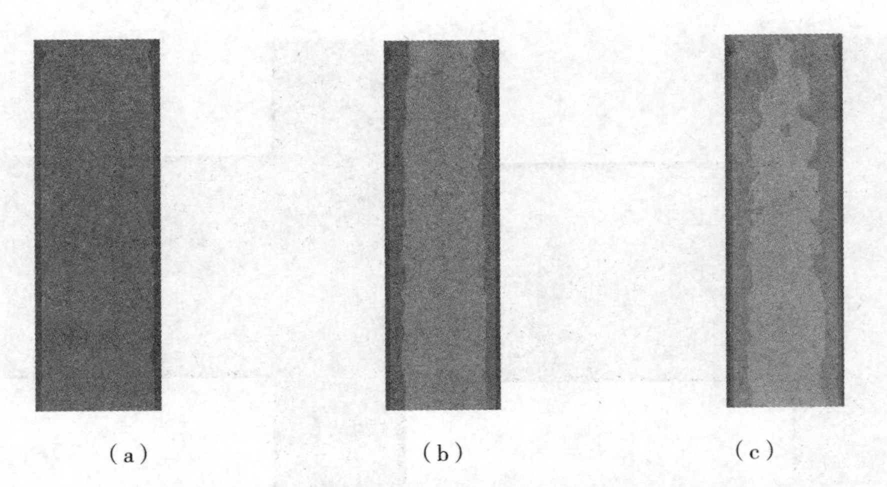

图 4-13　不同风筒入口位置 2 号压力出口温度分布云图

图 4-14 是不同风筒入口位置 1 号压力出口温度分布云图，1 出口的温度分布在 3 种风筒安放情况下，温度分布图几乎相同，不同于 2 号出口位置，这主要是由于风筒出口温度低，喷出后与高温岩壁进行热交换，随着巷道，经过热交换之后的风流温度逐渐升高，所以明显的降温只限一个区域，在 1 出口处，离回风隅角远，所以没有影响了。

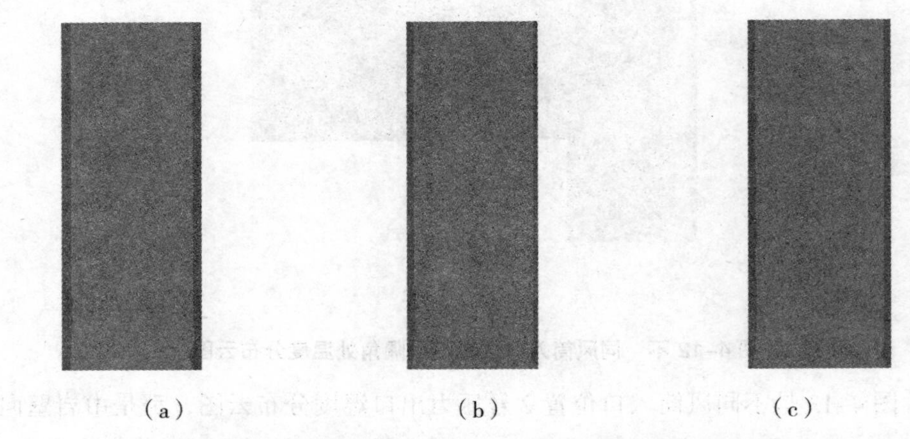

图 4-14　不同风筒入口位置 1 号压力出口温度分布云图

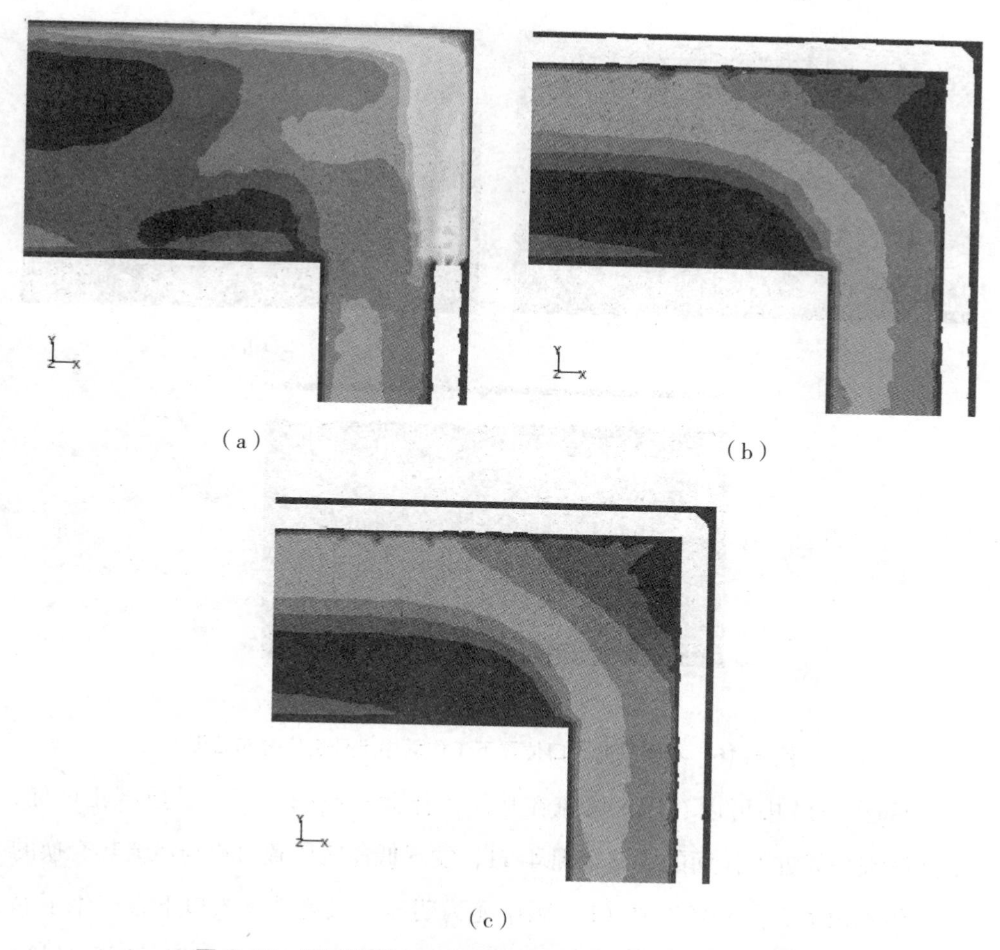

图 4-15　不同风筒入口位置下进风隅角处速度分布云图

从图 4-15 中可以看出，风流在从轨道顺槽是从外岩壁往中部速度慢慢增加的，并且每图都有两个低速区，低速区主要是由于有涡旋的存在，而风流处于环流状态，表现的速度低，（a）图由于是风筒进风位置，所以相对的速度云图显得紊乱，而且由于（b）、（c）两种不同情况下，进风隅角处的速度云图几乎相同，所以说明风筒位置离进风隅角处较远时影响很小。

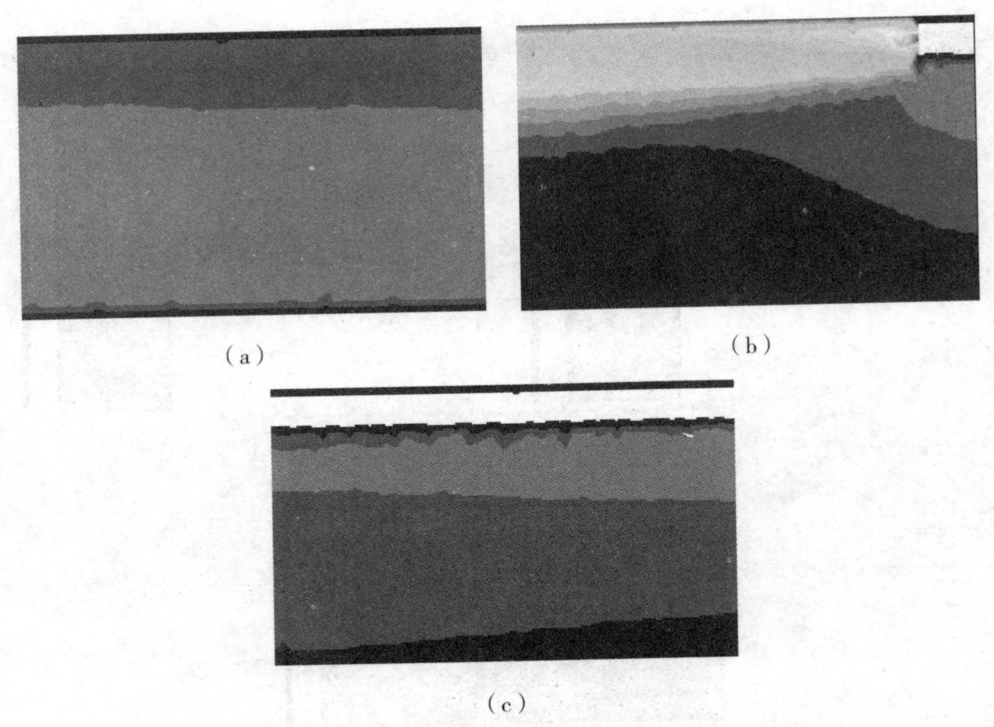

（a） （b）

（c）

图 4–16 不同风筒入口位置下工作面中点处速度分布云图

从图 4–16 中可以看出，风流在从靠工作面一侧向外岩壁是速度正增加，低速区都是靠近工作面的，结合图 4–11，发现低速区导致岩壁与风流热交换的热量传不出去，这种情况在（b）图中尤为明显，风筒进风入口下方产生了涡旋，导致局部低速，产生局部高温区，风筒的通风只是改善了上层的通风环境，却影响了下层的降温。（a）、（c）图中由于离风筒较远，风流速度变化较平缓，温度也相对的沿梯度变化。

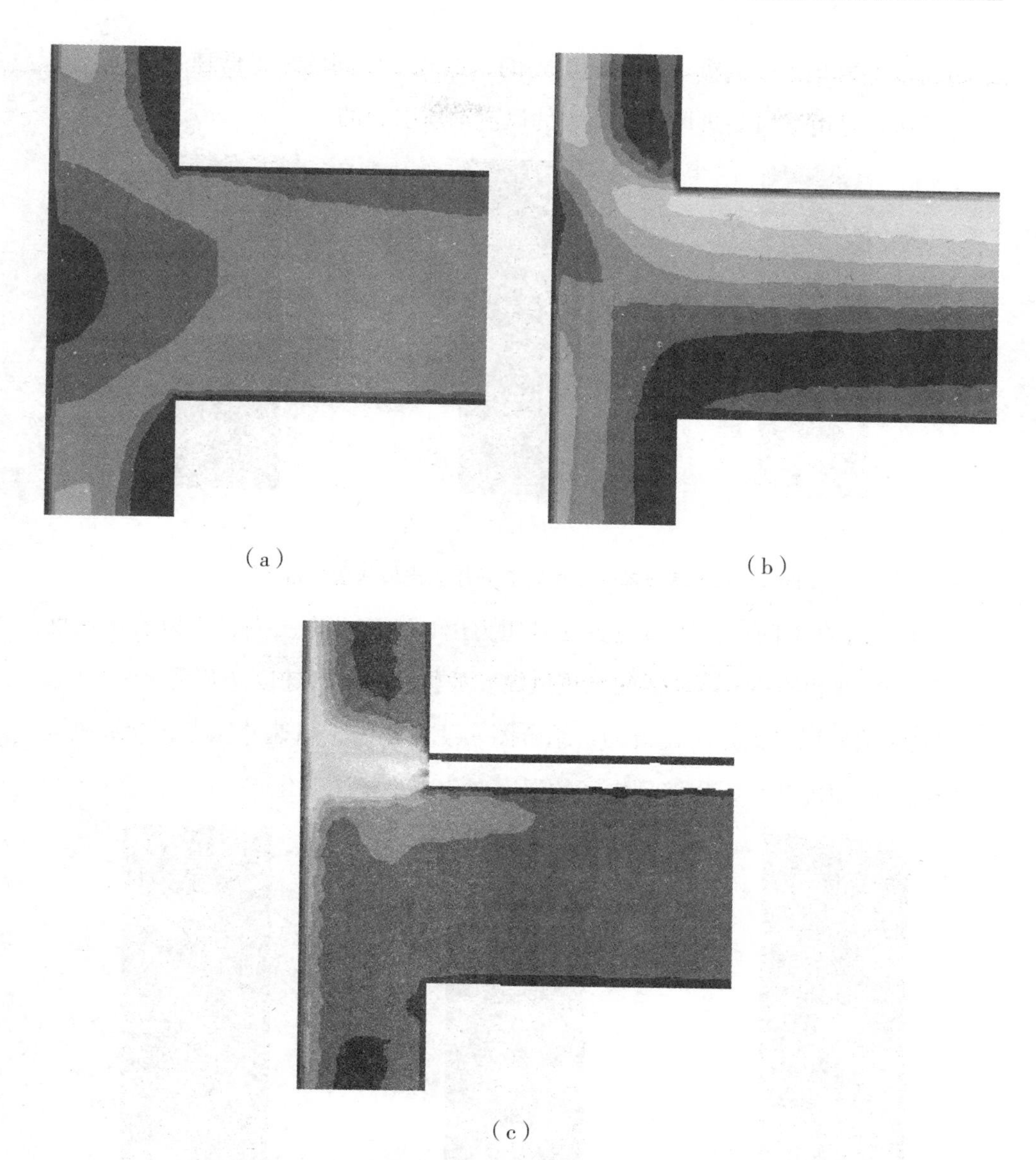

图 4-17 不同风筒入口位置回风隅角处速度分布云图

图 4-17 不同风筒入口位置回风隅角处速度分布云图，3 图都在回风隅角巷道两侧产生低速带，（b）图中工作面巷道有较为规律均匀的流场。由靠采空区一侧往工作面一侧风流的速度逐渐减小。（a）图中出现了 3 个明显的低速区，其中在回风隅角靠采空区和工作面的是由于流线弯曲，导致涡旋产生而导致的，

中间的也主要是由于两处流场都是向外的，造成了中间的一个低速带。（c）图中的低速带是由于风筒进风和巷道中的风流动所引起的。

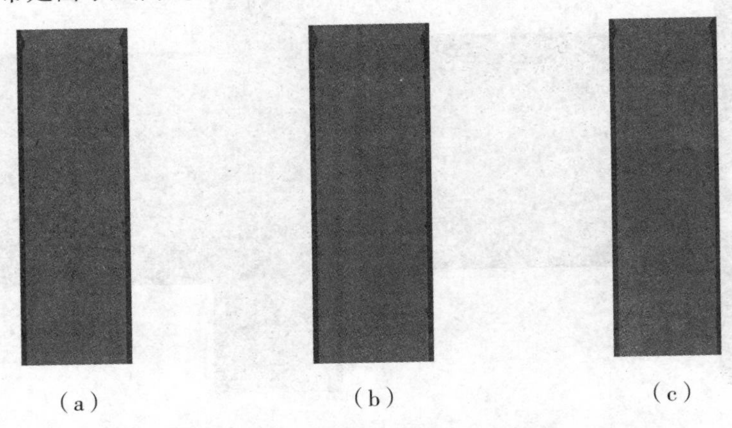

（a）　　　　（b）　　　　（c）

图 4–18 不同风筒入口位置 2 号压力出口速度分布云图

图 4–18 是不同风筒入口位置 2 号压力出口速度分布云图，可以看出速度分布云图几乎没有变化，这说明 3 种风筒安放位置对出口速度是几乎无影响的，出口风流速度保持恒定缓慢流动，结合图 4–4 可知由于风速的稳定，导致风温随着巷道的温度变化、岩壁到中间的温度变化也呈梯度变化。

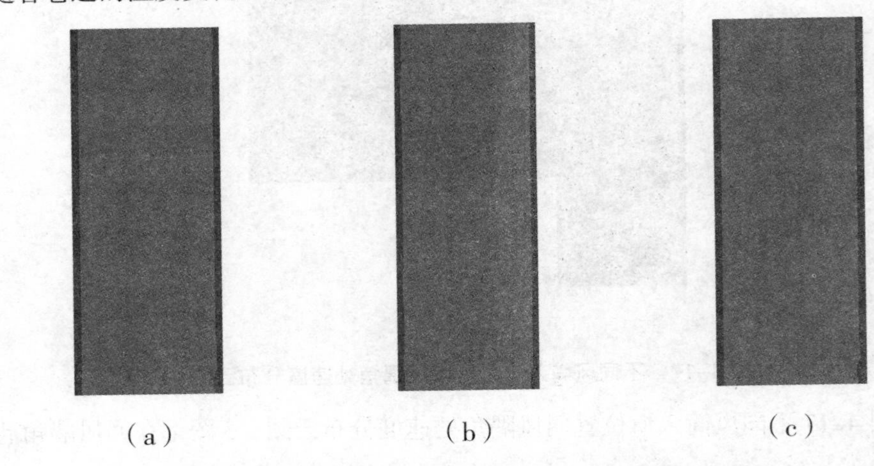

（a）　　　　（b）　　　　（c）

图 4–19　不同风筒入口位置 1 号压力出口速度分布云图

图 4–19 是不同风筒入口位置 1 号压力出口速度分布云图，可以看出风流流速场几乎没有变化，而且保持稳定的速度，结合图 4–5 可得由于流速的低速

恒定，风筒对1出口温度的影响不显著，速度场恒定。

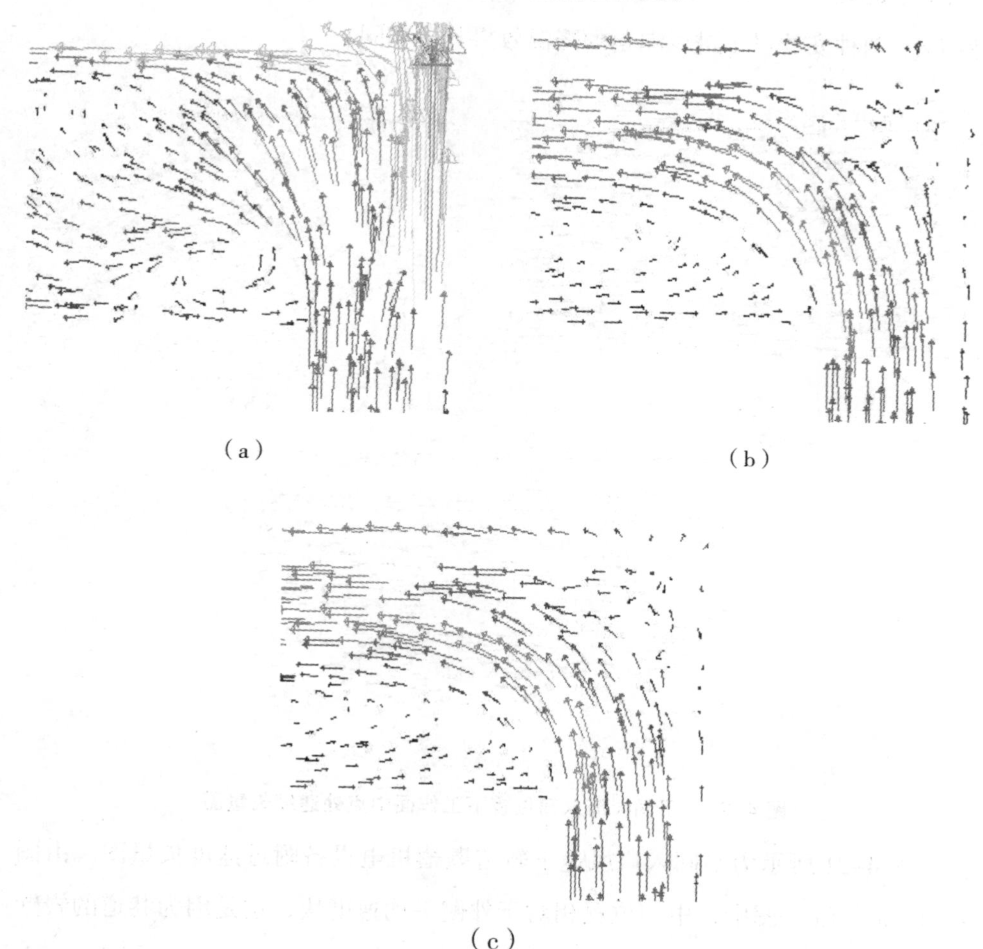

图 4-20　不同风筒入口位置下进风隅角处速度矢量图

由图4-20知，风筒入口进风位置无论是在进风隅角，工作面中间，回风隅角处时，在进风隅角靠工作面一侧都有涡旋产生，涡旋的存在对温度场的影响比较大，而且靠近工作面一侧影响比较显著，在发生涡旋的区域，由于岩壁与风流之间的换热频率加快，外加上涡旋导致局部风流难以流出，热量难以传出，形成了局部高温区。由图，图（a）的涡旋面积相对于（b）和（c）小，可知相对大的涡旋的面积，会使风流和高温工作面岩壁之间的热量交换更加频繁，所以此处（b）、（c）温度会表现的较高，降温效果相对差。总结一下就是（b）和（c）两种安放对于进风隅角的降温效果几乎相同。

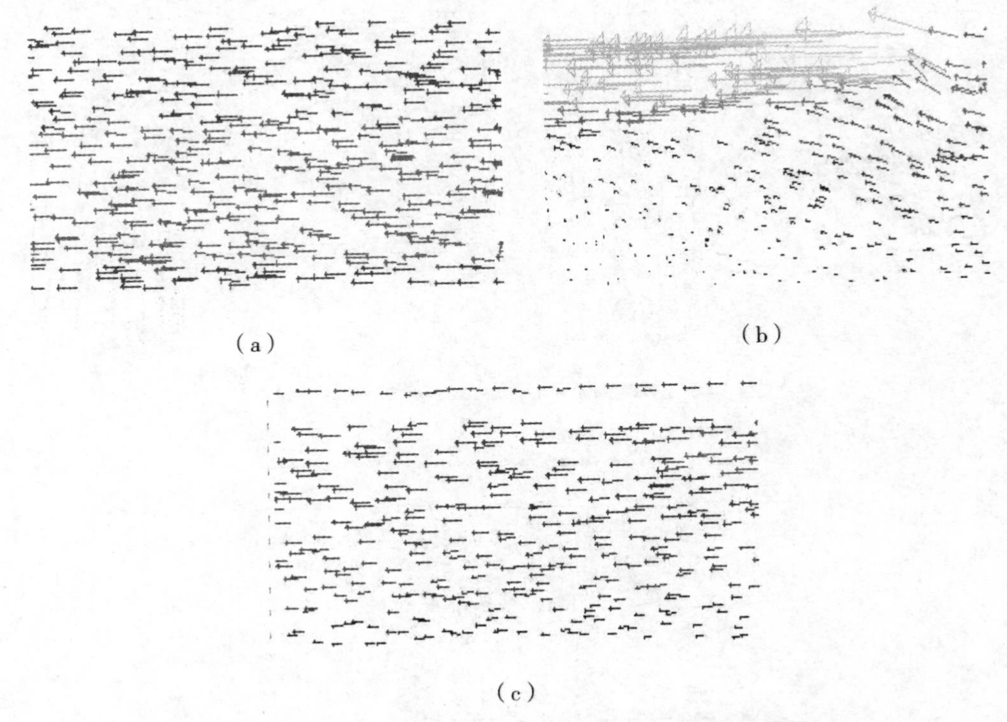

图 4-21　不同风筒入口位置下工作面中点处速度矢量图

图 4-21 所示为不同入口风速下轨道顺槽机电设备附近速度矢量图。由图 4-21（a）、（c）图中，中间位置相对于外侧平均速度快，这是因为巷道的岩壁对风流的粘性力导致的，速度矢量图是比较平缓和均匀的。在（b）图中，由于两种风流交汇，产生涡旋，导致流动紊乱，涡旋的产生导致出口下层部分出现局部高温区。风流流过涡旋区域之后，流向趋于稳定，流场变规则。

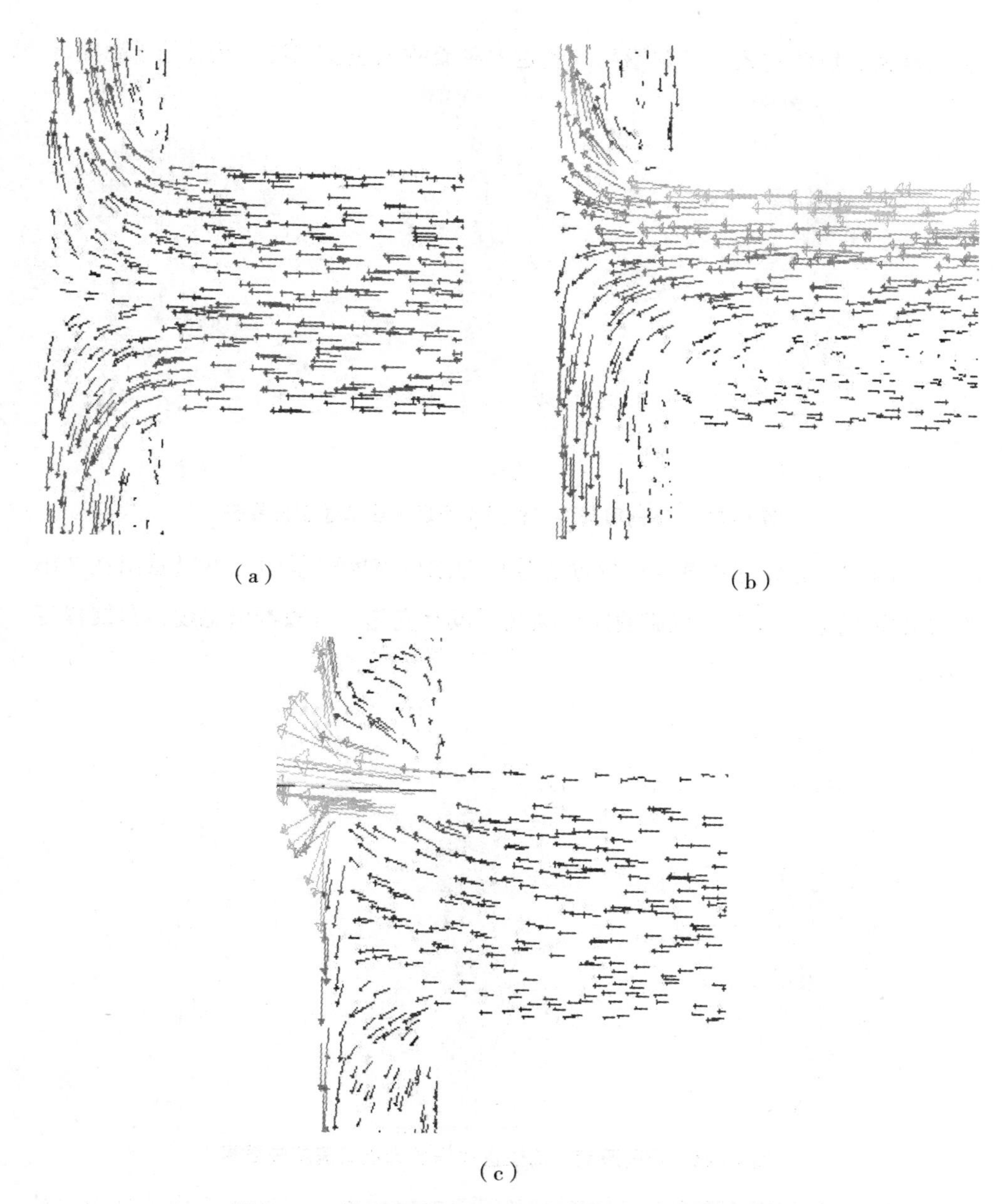

图 4-22　不同风筒入口位置回风隅角处速度矢量图

图 4-22 为不同风筒入口位置回风隅角处速度矢量图，在巷道回风隅角靠近工作面和采空区都会出现两处涡旋，（a）、（b）图虽然是不同的风筒位置，靠采空区一侧涡旋的方向和面积基本不变，（c）图靠采空区一侧涡旋中流线的

方向紊乱，风流进入运输顺槽后，巷道中风流的风速会加快，然后趋于稳定。

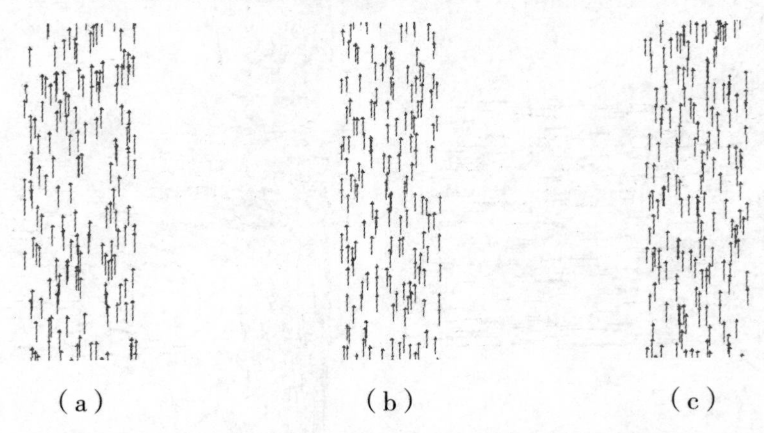

（a）（b）（c）

图 4-23 不同风筒入口位置 2 号压力出口速度矢量图

图 4-23 是不同风筒入口位置 2 号压力出口速度矢量图，可以看出在 2 出口处的风流趋于稳定，风流的速度场几乎没有变化。可以推出温度也是缓慢变化的。

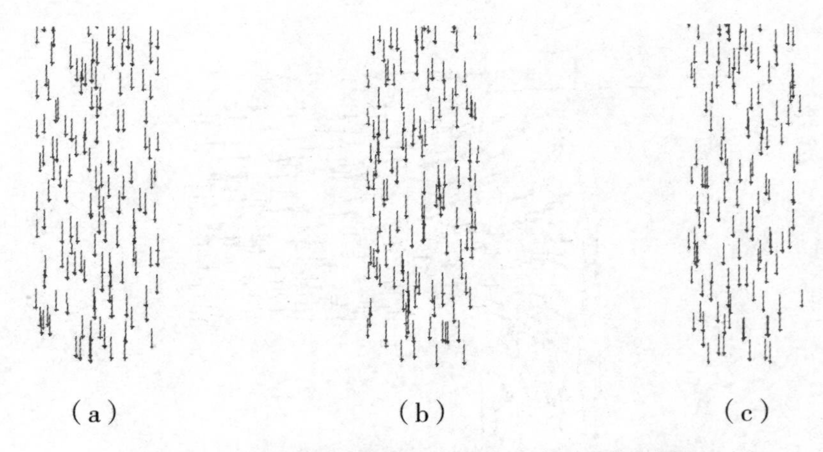

（a）（b）（c）

图 4-24 不同风筒入口位置 1 号压力出口速度矢量图

图 4-24 是不同风筒入口位置 1 号压力出口速度矢量图，看出 1 号出口处的速度趋于稳定，而且方向没变化，风流速度矢量的恒定，带来相对稳定低速的速度场，由于风筒进风对 1 号压力出口影响小，导致 3 种风筒安放的几乎对于 1 号出口没有降温效果。

在分析了热害成因和国内外矿井降温技术发展现状的基础上，针对采矿中Y型工作面，通过Gambit软件进行数学建模与边界设置，采用数值模拟的方式，用Fluent软件对巷道风流的流动状况以及温度场分布和速度场分布做出了研究。本书分理论分析和数值模拟两个阶段，研究了适合Y型工作面的数值算法，Y型工作面在风筒位置安放不同的情况下流场、温度场、速度场的分布规律，分析三种情况得出对于整个Y区域降温效果较好的方案。取得的主要结论如下。

（1）通过数值模拟，有风筒进风位置不同对Y型工作面风流运动规律的研究得出，工作面进风、回风隅角处产生涡旋。气流从风筒入口排出，沿着巷道，风流的速度不断减少，靠风筒出口测温度下降，而在另一侧，风速降得非常快，形成局部低速区域，产生了涡旋，风流在此处堆积，造成风流与为炎热传递的热量传不出去，形成局部高温区。

（2）随着风筒进风位置不同，三种情况虽然进风口侧温度降温显著，但都会产生局部高温区。相对于整个Y型工作面的降温来说，风筒进风位置放在进风隅角处最好，对比一下，三种的温度图，在进风隅角区域相差了2℃，在开采工作面中间层的最高温度分别为27℃，31℃，29℃，而且前两种方式在回风隅角区域的温度基本相同都为28℃，所以风筒进风位置放在进风隅角处时对于整个工作面有较好的降温，虽然在轨道顺槽和运输顺槽温度会相比其他两种较高，但是通过图4–4和图4–5的比较得出，对于两个压力出口，风筒安放位置带来的影响不显著只是在靠近回风隅角一定区域有降温效果的。在这两个区域主要是运煤机械的存在，矿井工作人员还是主要在巷道工作面工作的，所以风筒出风口放于进风隅角处。

目前，处理高温矿井的技术还处在不断的发展中，制定一个综合经济、安全、效益三方面的方案仍是我们的目标。关于本书，由于笔者研究学习的时间有限，存在许多的缺陷，还需要通过学习对高温热害矿井问题做深部的探讨。

首先是对现实情况的一种近似，因为影响矿井巷道温度场的因素很多，我们在计算的时候，只考虑了围岩放热，将岩壁视作恒温，略去了围岩调热圈、工作面机电设备放热，以及回风隅角运煤机的热量等都没有考虑，如果将他们一起加入模型中，会使得到的结论更加精确和可靠。值研究风筒位置不同带来的温度场改变，没有对风筒进风风流参数改变的状况进行分析，如果能把两者结合起来考虑，虽然这样会比较麻烦，很难理清晰，但是通过比较验证，应该会得出对于Y型工作面在风筒进风降温的情况下，最好的一种方式。

第五章　掘进面单风筒送风降温研究

5.1　掘进巷道网格模型

根据现在各矿井掘进巷道的情况，决定采用的掘进巷道物理模型为圆形巷道，以此作为研究对象，巷道横截面直径为 3m ，巷道长度 8m, 风筒进口到工作面的距离为 8m，风筒位于 x 轴左上位置，风筒直径为 600mm。

采用 Fluent 用软件的 Gambit 建立三维的掘进巷道模型，如图 5-1 所示：

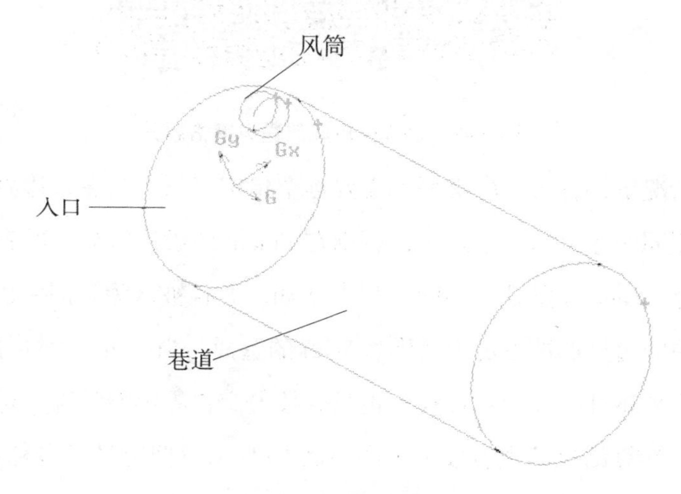

图 5-1　单风筒模型

这个环节需要输入一系列参数，如单元类型、网格类型及相关选项等。网格划分是 CFD 模拟过程中最为耗时的环节，也是直接影响模拟精度和效率的关键因素。网格主要分为结构网格和非结构网格两大类，结构网格使用规则单元，便于编程计算但适用性差，没有非结构网格的灵活性，非结构网格尤其对复杂问题比较有效。对于简单的 CFD 问题，这个过程只是操作几次的问题，需要注意不同的网格单元与不同的网格类型相匹配，而对于复杂的物理模型，网格划分不容易一次成功，即使成功，计算结果也有可能由一定差异。特别三维模型，这一过程需要精心策划、细心实施。

由于掘进巷道为三维，故利用 Gambit 采用三维的划分方案。网格类型用 Cooper（非机构网格），单元用非机构单元（Hex/wedge），网格间距（Specing）选择 Interval conunt（指定在边界上分点时使用的间隔数），设置间隔数为 60。对某一指定风筒位置进行网格加密，进行网格划分。通过对网格质量的检查，其符合计算要求，网格如下图 5-2 网格模型所示，

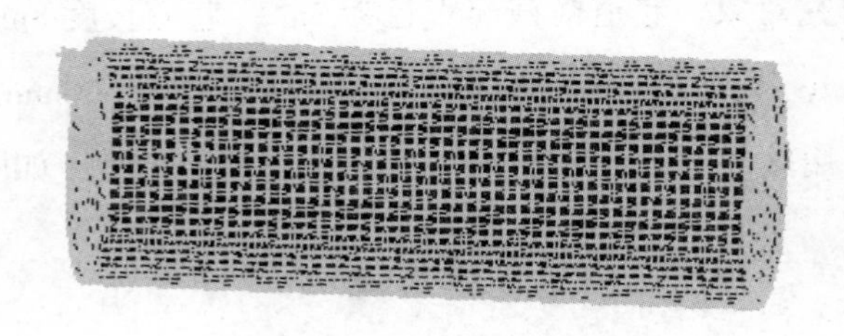

图 5-2　掘进面单风筒送风网格划分

一般情况下，各边界的类型都需要逐个指定，只有当多条边界的类型和边界值完全相同时才可以一起指定，否则在 Fluent 中没法区分。所有其他没有被指定的边界，Gambit 默认它们的类型为 Wall，并且被认为是同一边界，甚至两个不同面中的边界都被指定为名称为 Wall 的壁面。当 Gambit 生成的网格文件，就含有了边界条件，在计算过程中也只会按设定边界类型计算，定义了不同的边界类型，计算结果的也有较大不同。因 CFD 求解器定义了多种不同的边界，如壁面边界、进口边界、对称边界等。特结合本书网格模型，进行网格模型边界类型划分。

在指定边界类型及区域类型之前，在 Solver 菜单中指定求解器为 Fluent 5/6, 风筒进口处表面定义为速度进口（Velocity_inlet）。考虑到巷道进口处回流

等情况，特将巷道进口处表面定义为压力出口（Pressure outlet），其他表面定义为壁面（Wall），把巷道的壁面与风筒的壁面分开定义。区域类型不用指定，系统默认即可。

边界类型指定成功以后，生成由 Fluent 读取的网格文件。

5.2　巷道环境模拟及计算

（1）导入网格模型，检查网格模型。导入网格后必须对网格进行检查，点击命令 Fluent 会自动检查，会统计其检查结果信息。检查过程中如出现错误必须进行修改，Fluent 会给相关提示。

（2）进行选择求解器及运行环境。求解器选择：分离式隐式求解器，求解问题在时间上是 Steady（稳态），计算时速度按 Absolute（绝对速度）处理，其他的默认设置。运行环境选择默认大气压，不计重力影响；因假设：巷道内流体流动为不可压流动，湍流流动为稳态流动。

（3）选择合理的计算模型。这一步主要是通知 Fluent 是否考虑传热、流动是无粘、层流还是湍流，是否多相流，是否包含相变，计算过程中的是否考虑化学组分变化和化学反应等等，如果用户不作任何设置 Fluent 将保持默认设置。由于气体流动模拟，需要考虑热交换，空气的湿度，而且流动为粘性的湍流。而且假设流体湍流粘性为各向同行，巷道壁面没有热辐射。即选择使用能量方程，使用最广泛的标准$k-\epsilon$模型，激活组分 PDF 输运模型，其他保持默认设置。

（4）定义材料及属性。由于考虑射流的原因，需要考虑到空气湿度问题，所以需要定义一个新的材料，即定义一个混合的流体（Mixture），空气（Air）和水（Water）。定义材料以后其材料属性默认的混合属性。

（5）设置边界条件，边界条件是控制计算的初始条件它对 Fluent 的计算祈祷决定性的影，由于在划分网格时已经指定的边界类型，现在只需要确认和修改，指定一下区域的类型：风筒进口定义为速度进口：速度进口可以定义速度大小和温度及其他标量。巷道进口定义为压力出口，巷道壁面为 Wall。

由于要充分考虑射流的影响，特在进口定义多种参数。进口的边界条件：首先考虑湿度对巷道温度的影响，风筒进口温度 22℃，进口风速定为 1.5m/s，分别计算风筒进口湿度为 20%、40%、60%、80%、100% 分别进行模型计算；在考虑湿度不变时速度对巷道温度的影响。筒出风温度为 22℃，湿度为 60% 时，分别计算风速为 1.1m/s、1.3m/s、1.5m/s、1.7m/s 分别进行模拟研究速度场和温度场。巷道壁面与风筒壁面的边界条件：巷道壁面温度设为 33℃，其他设置保持默认设置。风筒壁面温度与进口温度相同为 22℃，其他保持默认设置。压力出口边界条件：气压定义为标准大气压温度为 300k（27℃），湿度为 55%，其他保持默认设置。

（6）设置求解控制参数。到这一步的时候，前面已经完成了网格、计算模型、材料、边界条件的设置了，其实这样就可以用 Fluent 进行求解计算了，但是为了更好的控制过程，需要在求解器中进行一些必要的设置，这会直接影响计算结果。主要要设置的参数包括了：选择离散格式、设置欠松弛因子、初始化流场变量，还有就是激活显示监视变量，以便观察等等的一些设置。

由于模型网格数量较多，计算时间场，所以离散格式为一阶精度格式，算法选择 SIMPLE。欠松弛因子的设置：欠松弛因子是分离式求解器所使用的以加速参数，它是用于控制每个迭代步内所计算的场变量的更新作用，设置的压力、密度、动量的松弛因子为 0.3、1、1，其他保持默认是设置。设置收敛判据为 0.001，启动绘制残差的功能。在开始对流畅求解之前，提供对流场的解初始猜想值，这个初始值对解的收敛性有重要的影响，与最终的实际解越接近越好。另外，控制设置为默认设置。

（7）流场迭代计算。在对以上设置完之后，开始流场的迭代计算。为稳态问题，直接进行迭代计算。设置初始迭代次数为 1000 次，当迭代 730 次左右是实现收敛，完成对边界条件的参数变化的迭代计算。保存计算结果。

5.3　送风的湿度对高温巷道降温的效果

长期以来矿井高温问题一直影响井下工作人员的人身安全，而且矿井降温主要还是通过改变送风的风速、温度，很少考虑掘进工作面通风考虑湿度的问题，本章将对计算模拟结果进行处理与分析，简单分析一下送风为射流的情况下对高温矿井的降温效果。对不同的湿度、风速进行分析。

将分析模拟计算结果，保持煤壁温度为 33℃，当送风温度为 22℃，风速为 1.5m/s，分别计算湿度为 20%、40%、60%、80%、100% 的温度场与速度场。选出最有方案。

5.3.1　湿度不同的速度场分析

（1）湿度为 20% 时，巷道的速度、压力、密度场如下列分析各图所示。

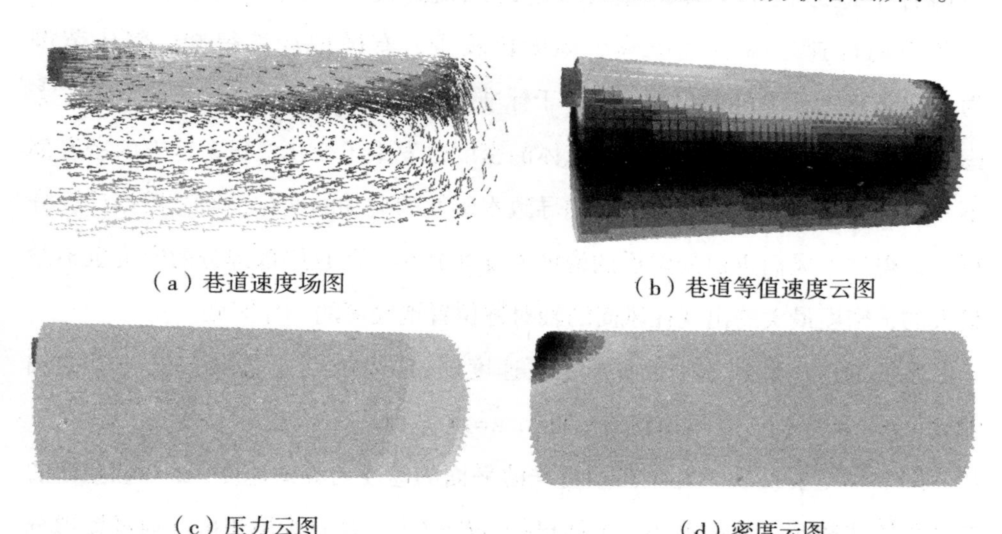

（a）巷道速度场图　（b）巷道等值速度云图

（c）压力云图　（d）密度云图

图 5-3　湿度为 20% 时，巷道的速度、压力、密度场

通过对是湿度为20%的进风的模拟结果进行分析，我们可以得到，当进口送风时，进口处由于速度大所以气压低，遇到与巷道内没有速度的气体时，由于压力差带动其产生了较大速度的变化，越接近风筒送风口，气压变化就越大，速度变化就越大，通过分析我们知道：在进风处速度为1.5m/s时，其最高速度达到了1.660993m/s，最低速度为0.009553951m/s。在各个矢量方向上的分速度分别为x方向范围为–0.3513083m/s～0.1128268m/s，y方向速度范围为–0.2966419m/s～0.1086141m/s，z方向的速度范围–0.5185638m/s～1.660191m/s。

由以上分析得知最大速度超过了进风速度，这应该是压力差导致速度增加。由以上图知道，速度比较大的都位于壁面处，主要是因为风筒位置接近壁面处，当风流到达工作业面时速度方向发生变化，速度发生衰减，又由于巷道下部区域气压低，当改变方向的风流到达时速度增加。巷道中部区域有一部分速度很小，而且有些地方速度方向多变，就形成湍流。而且这个区域速度很小，有的地方速度为零。可能这就是不同方向的风流共同作用而成的。

由于进风的影响巷道内的气压也出现了一系列的变化，变化范围巷道内各个地方也不一样，进风处附近风流速度大，气压减少比较多，到了巷道内部速度减少气压减少幅度比较少，有模拟计算得知：气压范围为 –0.5563878 ～ 0.689213Pa，都小于标准大气压。由于进风口通风为射流，考虑到空气中水的含量，巷道内的流体的密度也发生了变化，每个地方的密度都不一定一样，因为风流速度的影响导致水蒸气的流动的变化；通过模拟计算分析后，得到了风筒进口处附近的流体密度非常小，而且中部部分的密度也不是最大的，密度最大的出现在风筒的轴对称位置地底部的一片区域。

下面通过一些典型平面分析一下速度场、压力场等：选取 x=0、y=0 的轴侧面，x=1 的平面（在风筒位置附近），x=–1 平面。

图 5–4 主要反映了几个典型特殊的平面的速度与等值速度，x=0 轴侧面的速度总体比较小，中部极小，上面已经分析过了，这儿为湍流区。通过模拟分析得知，原因是这个平面离送风进口较远，到平面下侧以后速度有所增加，原因是流体速度通过作业面壁面阻挡之后，改变方向之后到达下端；y=0 轴侧面两侧的速度相比上轴侧面增加了不少，湍流区域也少了不少。有上图可知此平面离送风进口位置较近，其他与 x=0 轴侧面没有太大区别。

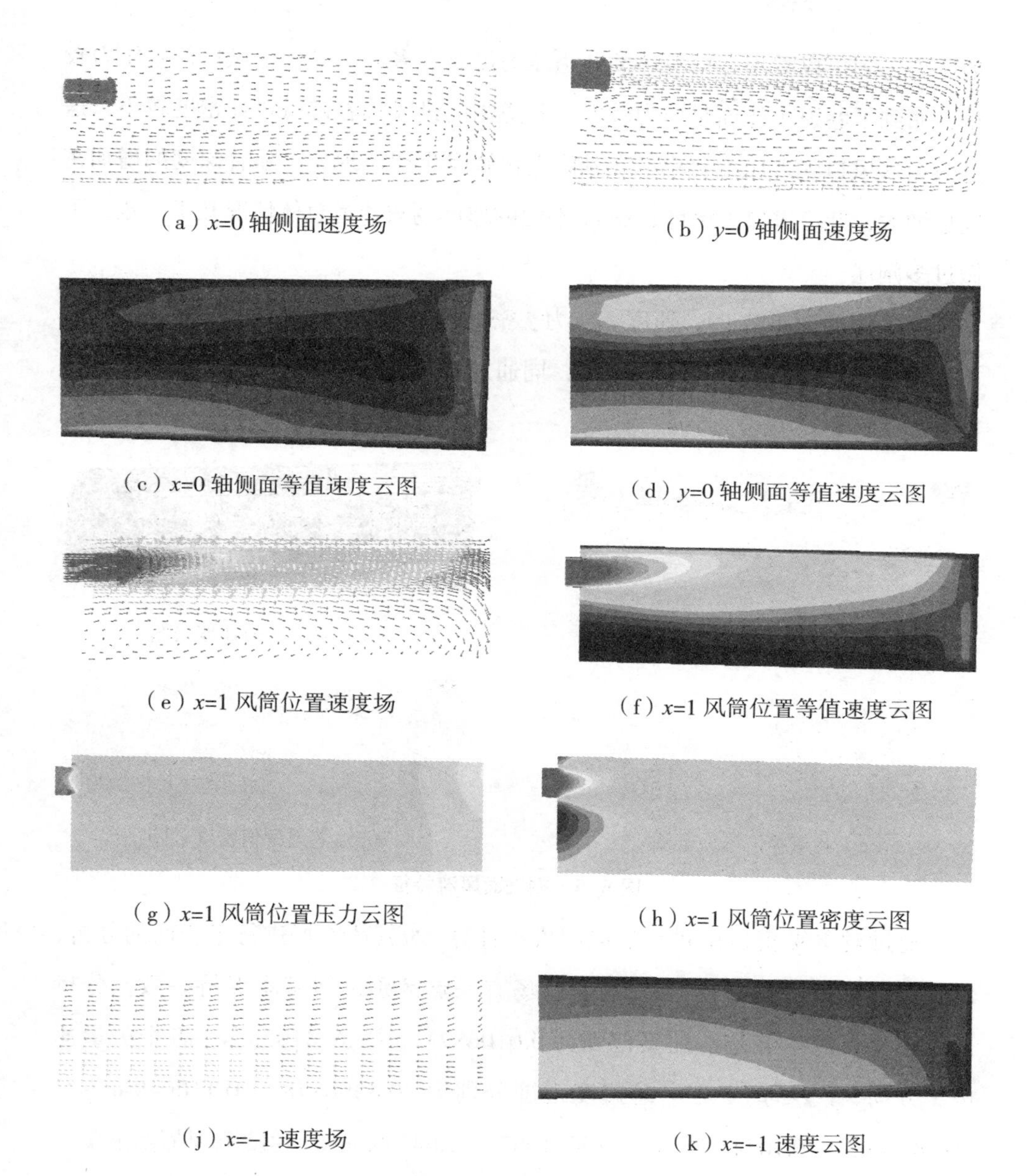

（a）x=0 轴侧面速度场　（b）y=0 轴侧面速度场

（c）x=0 轴侧面等值速度云图　（d）y=0 轴侧面等值速度云图

（e）x=1 风筒位置速度场　（f）x=1 风筒位置等值速度云图

（g）x=1 风筒位置压力云图　（h）x=1 风筒位置密度云图

（j）x=−1 速度场　（k）x=−1 速度云图

图 5–4　掘进面速度场

通过对 x=1 风筒位置的一个平面模拟分析，由上图我们，可以看到这个位置上部速度非常大，而下部速度很小，就是上面分析的湍流区域，由结果得知此平面内的最大速度为 1.65232m/s，几乎达到巷道最大速度。由上面的风筒等值压力云图可以看出它与总体的巷道压力没有太多的差异，近风口位置压力较小，而到了巷道工作面是压力较大。巷道内的进风挨着进风置处密度较小，这是因为进风口附近压力很小，在其附近位置发生回流现象。随着深度的增加密度也增大，巷道进口处密度；x=−1 平面的速度场与巷道总体情况几乎一致，不做过多阐述。

（2）湿度为 40% 时，速度、压力、密度场的情况。

通过模拟计算获得了可用结果，同通过对其进行结果后处理和分析，分析结果如下。

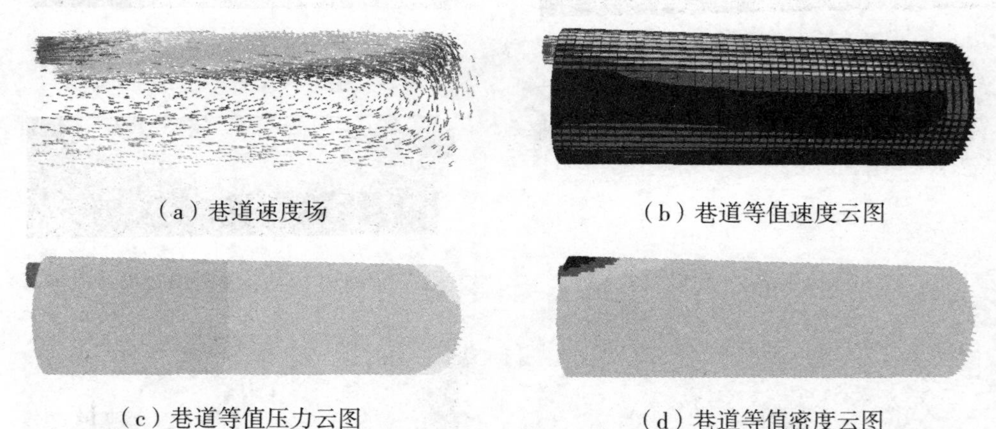

（a）巷道速度场　（b）巷道等值速度云图

（c）巷道等值压力云图　（d）巷道等值密度云图

图 5–5　掘进面风流特征

通过对 40% 湿度的进口送风的模拟计算，对其速度场进行了全面的分析，发现了其速度场与 20% 湿度的速度场有一点区别，但基本保持一致，分析总结结果得到：巷道的速度范围为 0.01068717 ～ 1.644195m/s。各个矢量速度 x 方向、y 方向、z 方向的速度范围分别为 −0.3396178 ～ 0.1100496m/s、−0.2870468 ～ 0.1074582m/s、−0.5071067 ～ 1.643393m/s。速度范围都差不多。

压力分布稍有不同，由图可知 20% 湿度的压力分布级数更多，而本图的压力级数则要少一点，而且压力有一个很快的上升，压力的范围为（−0.5041938，0.6078854）Pa，比 20 % 湿度的范围稍小。压力大的地方主要分布在巷道底部两侧；由密度云图，我们知道流体密度还是主要集集中在巷道底部边缘区域，密度范围稍有减少。

下面通过一些典型平面，分析一下速度场、压力场等：选取 x=0、y=0 的轴侧面，x=1 的平面（在风筒位置附近），x=−1 的平面、y=−1 平面。

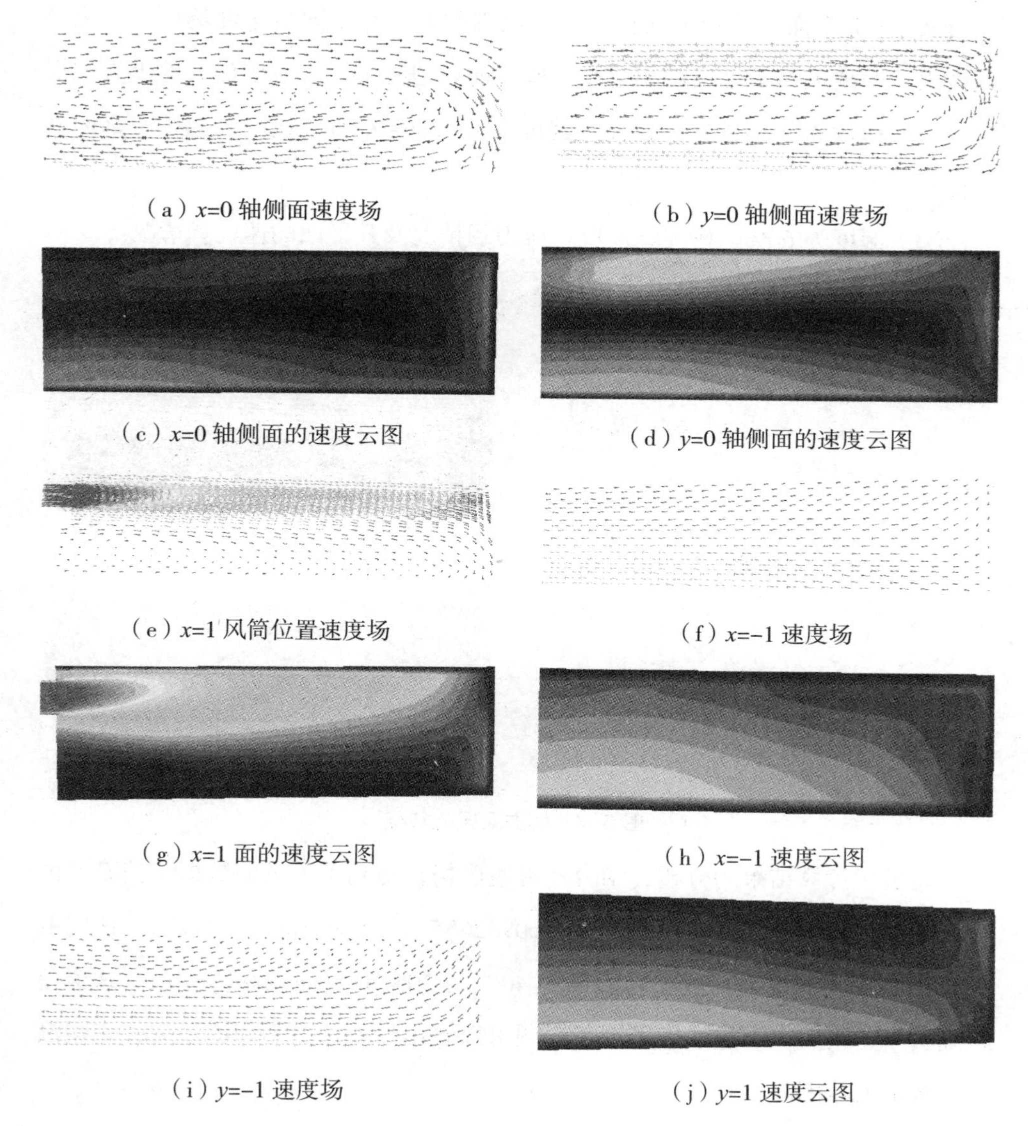

（a）x=0 轴侧面速度场

（b）y=0 轴侧面速度场

（c）x=0 轴侧面的速度云图

（d）y=0 轴侧面的速度云图

（e）x=1 风筒位置速度场

（f）x=−1 速度场

（g）x=1 面的速度云图

（h）x=−1 速度云图

（i）y=−1 速度场

（j）y=1 速度云图

图 5-6 典型截面风流特征

由上图可知，这些平面内的速度极其分布，分析得知 x=0 轴侧面与 20%

湿度时的有所不同，刚开始时上部速度较慢，到后面的巷道壁面时由于旁边的流体带动作用，速度显著增加，总体上速度分布差不多。x=1 平面的速度范围变化大，由于他处于风筒位置，x=−1 平面的速度范围 0.17m/s ～ 0.51m/s，第一次分析 y=−1 平面，这个平面位于巷道底部附近，有云图与速度场可知，上部速度由于距离风筒较远速度相对小一些，而且边缘部分还有湍流，速度方向混乱，下部速度为从尽头折反速度，速度在 0.92m/s 左右，速度方向几乎都向外部流动。

（3）湿度为 60%，密度、速度、压力场情况及其平面的速度场情况。

通过对湿度为 60% 射流进行计算，现对其巷道整体的速度、压力、密度场进行分。

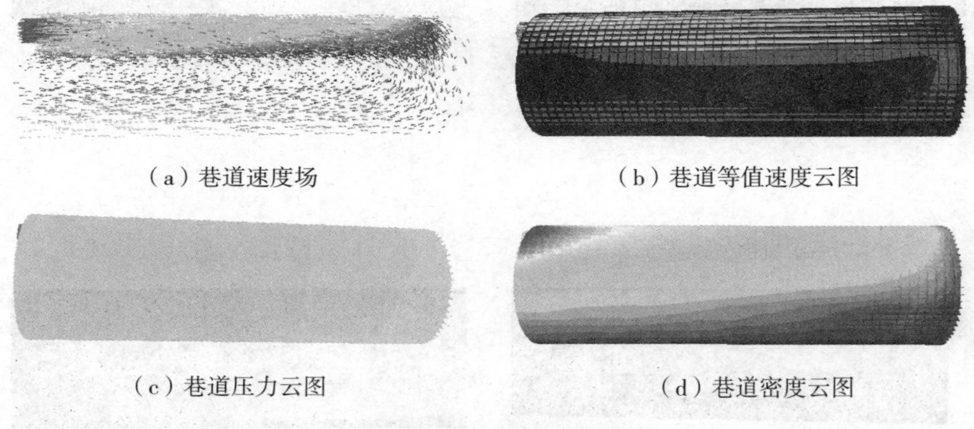

（a）巷道速度场　　（b）巷道等值速度云图

（c）巷道压力云图　　（d）巷道密度云图

图 5–7　掘进面风流特征

通过对计算结果的分析，结合巷道速度场，得到了关键的数据与信息。由计算结果得到了巷道的速度范围为 0.00982655 ～ 1.62933m/s。通过这个速度范围，我们发现它最大速度相比湿度为 40% 与 20% 时反而减小了一点。这个差距确实不是很大，通过速度场图与云图可以看出没有什么不同的地方，变化没有什么本大范围的。

通过巷道压力与密度的情况，我们知道压力也出现了较大变化，气压的变化范围相较于前面两种情况减少很多，范围从 −0.55Pa ～ 0.68Pa, 减小

到 –0.4626616Pa ~ 0.5422366Pa, 范围减少了将近 0.2Pa。压力云图几乎没有变化,但压力范围发生了减小。密度也发生了一些变化,通过云图我们也能看出来,变化范围也缩小了，使得巷道内的流体分布更加均匀。

下面通过一些典型平面，分析一下速度场、压力场等：选取 x=0、y=0 的轴侧面，x=1 的平面（在风筒位置附近），x=–1 的平面、y=–1 平面。

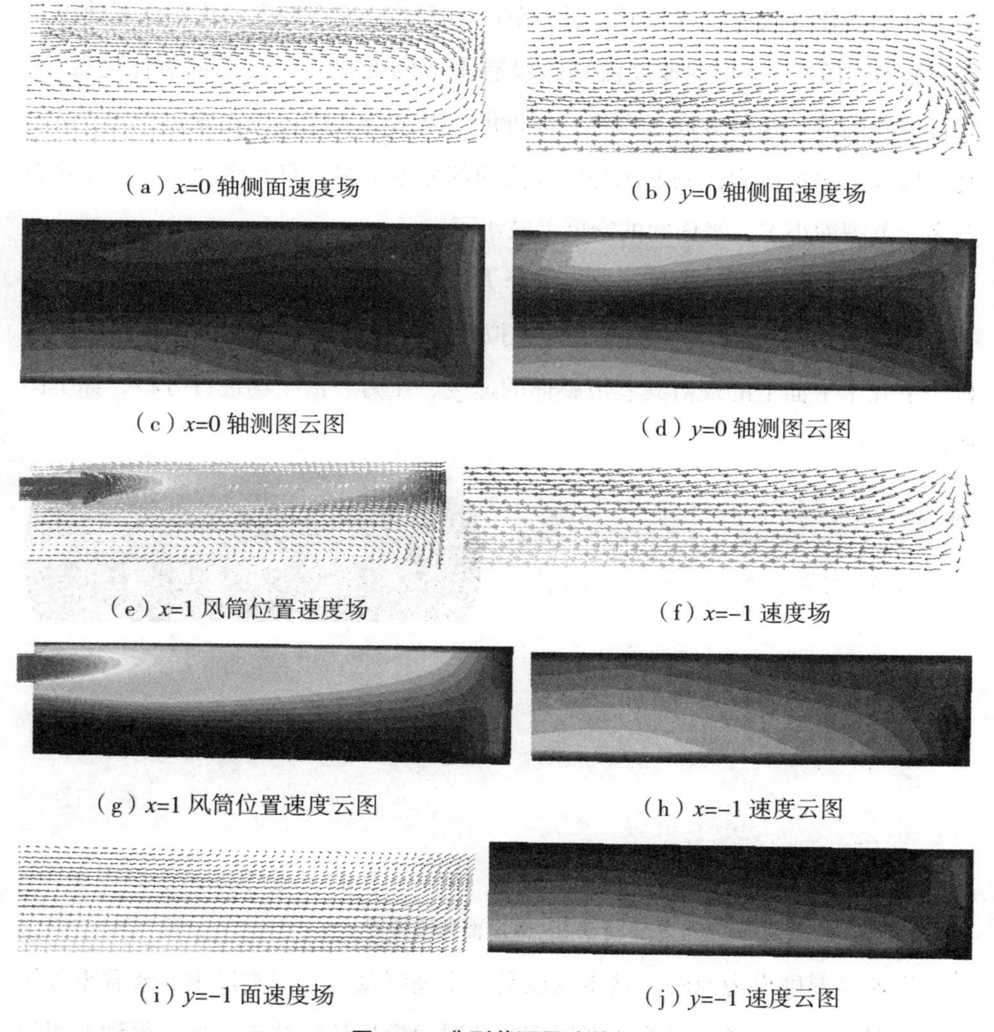

（a）x=0 轴侧面速度场　（b）y=0 轴侧面速度场

（c）x=0 轴测图云图　（d）y=0 轴测图云图

（e）x=1 风筒位置速度场　（f）x=–1 速度场

（g）x=1 风筒位置速度云图　（h）x=–1 速度云图

（i）y=–1 面速度场　（j）y=–1 速度云图

图 5–8　典型截面风流特征

通过对模拟结果的分析，列出了如上的一些平面的速度场与速度云图，由它们的模拟计算结果分析得到：x=0、y=0 轴侧面的与前两种情况的速度相差不大，速度范围在 0 ~ 0.5m/s。而且 x=0 的轴平面比 y=0 轴平面上的湍流区域更大，速度更慢，总体上与前两种相差不大。在如 x=1 与 x=-1 平面，两平面上速度场的变化，与前面差不多，只是速度方面有一点降低，但降低的幅度也不太大，流场速度范围 x=1 与 x=-1 分别为 0.009 ~ 1.62m/s、0.11 ~ 0.50m/s，可能是由于湿度的变化导致速度的降低，虽然范围不大，但说明湿度变化对流场速度是有一定作用的。y=-1 的速度流场也没有多大的变化，还是上部流体速度小，并且还有湍流，速度方向基本都是向外的。其流场速度范围在 0.11 ~ 0.5.m/s。其他数据，包括压力，密度的分布与前两部分差不多，只是密度的范围变化有点多，范围缩小了，平面间的密度差减小了。

（4）湿度为 80%，速度、密度、压力场情况及其平面的速度场情况 .

①通过对湿度为 80% 射流进行模拟的计算，由于通风高湿度，本小结分析一下几个平面上的现对其巷道整体的速度、压力、密度场进行分析，如下图所示。

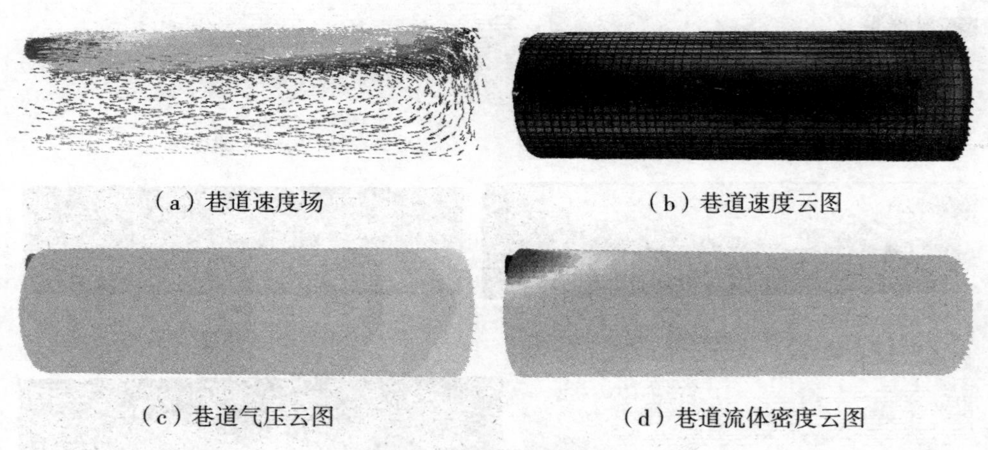

（a）巷道速度场　（b）巷道速度云图

（c）巷道气压云图　（d）巷道流体密度云图

图 5-9　掘进面风流特征

把通风湿度设为 80%，这本身就是一个高湿度问题，本段主要要着重分析一下高湿度对速度场的影响。高湿度的情况由模拟计算结果分析，得到上图的巷道速度场图与云图：通过图我可以看到，巷道的整体速度场的变化不是很大，这主要是由流体流动的特性引起的。那我们通过巷道内速度场的速度范围分析一下。由速度场图的分析速度范围得知，其范围在 0.007746008 ～ 1.622577m/s。通过这个流场速度范围，我们知道速度变化也不大，但是结合前几次湿度的速度场，得知速度还有一些的衰减，衰减幅度不显著。

我们还可以通过巷道气压进行分析，分析得出：巷道内的气压范围为 -0.08837573 ～ 0.554714Pa，通过气压分析与对比得出，其气压范围大幅下降，特别是最小气压大幅增大，最小气压增加近 0.5Pa，从气压差范围来看，这是极其大的，可能这就是导致巷道内速度衰减的原因。我们来看看密度的变化，由云图的分析得知：巷道整体的密度范围没有什么变化，只是最大密度与最小密度都减小了，结果就是巷道内的整体密度降低了。

②下面通过一些典型平面，分析一下速度场、压力场等的变化：选取 x=0、y=0 的轴侧面，x=1 的平面（在风筒位置附近），x=−1 的平面、y=−1 平面的速度场与云图进行分析。速度场与云图如图 5-10 所示。

通过对巷道在送风湿度在 80% 速度场、压力等进行了整体的分析，本小节再通过几个特殊的平面。首先分析一下两个轴侧面 x=0、y=0：由速度场与云图分析我们得到了相关的参数及其变化，x=0 轴侧面的速度范围下降了，范围为 0.0077 ～ 0.39m/s，由于是整体的速度下降了，随之带动流场速度的变化。速度流场结构方面没有变化。y=0 轴侧面规律相差无几，都收整体巷道的影响，没有多少变化。通过对 x=1、x=−1、y=−1 面整体分析与对比，我们知道其速度场与速度云图上几乎没有变化，湍流区整体大小几乎没有变化，速度的变化也是轻微的。只是速度大小发生一小写的变化，流体速度场的整体没有大的改变。如果只是观察流场图与云图几乎看不出差距，说明 80% 湿度并没有改变巷道流体速度场的结构。

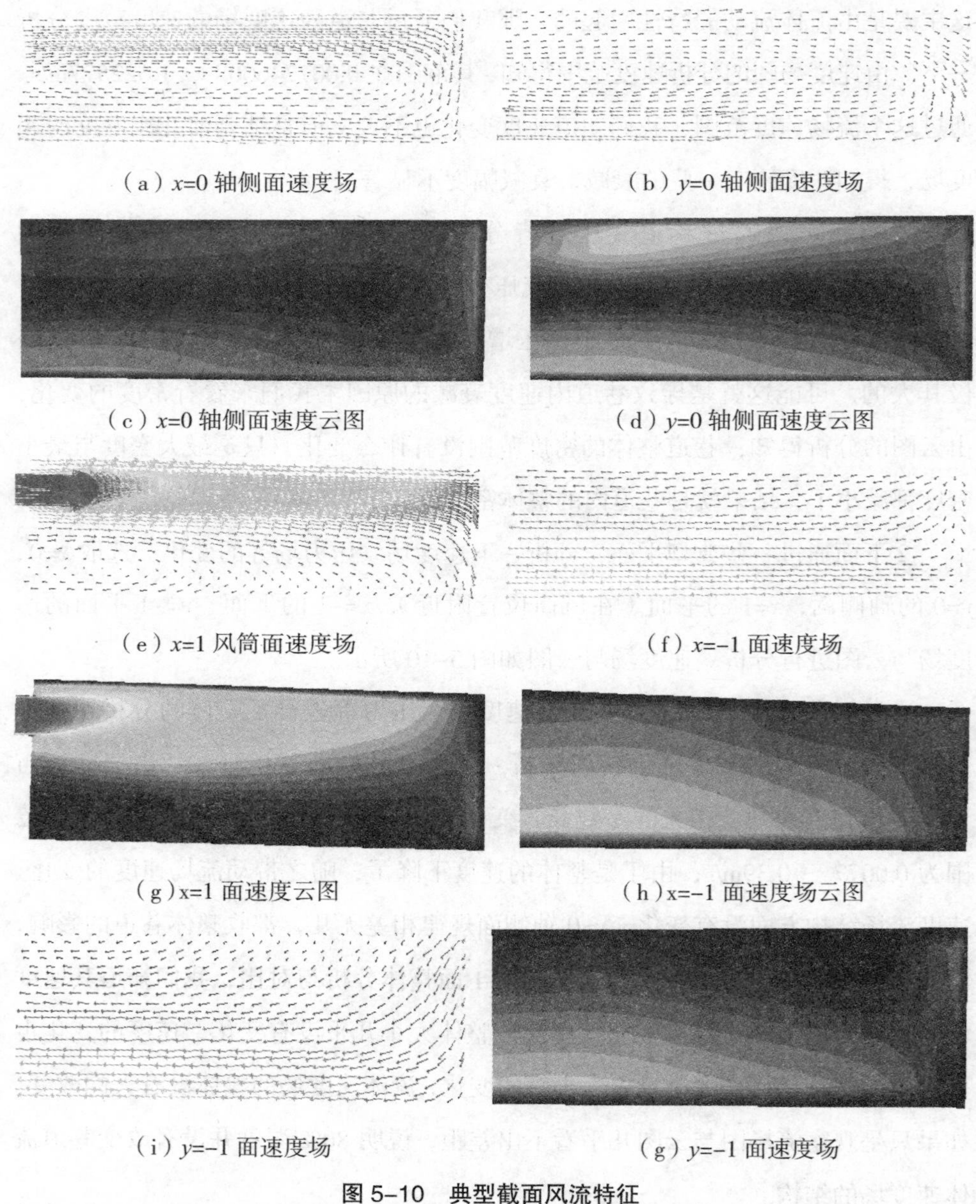

（a）x=0 轴侧面速度场　　（b）y=0 轴侧面速度场

（c）x=0 轴侧面速度云图　　（d）y=0 轴侧面速度云图

（e）x=1 风筒面速度场　　（f）x=−1 面速度场

（g）x=1 面速度云图　　（h）x=−1 面速度场云图

（i）y=−1 面速度场　　（g）y=−1 面速度场

图 5-10　典型截面风流特征

（5）湿度为 100%，速度、密度、压力场情况及其平面的速度场情况。

①对超高湿度 100% 的模拟计算，通过对巷道的速度场、压力场结果的分析，得到以下结论。

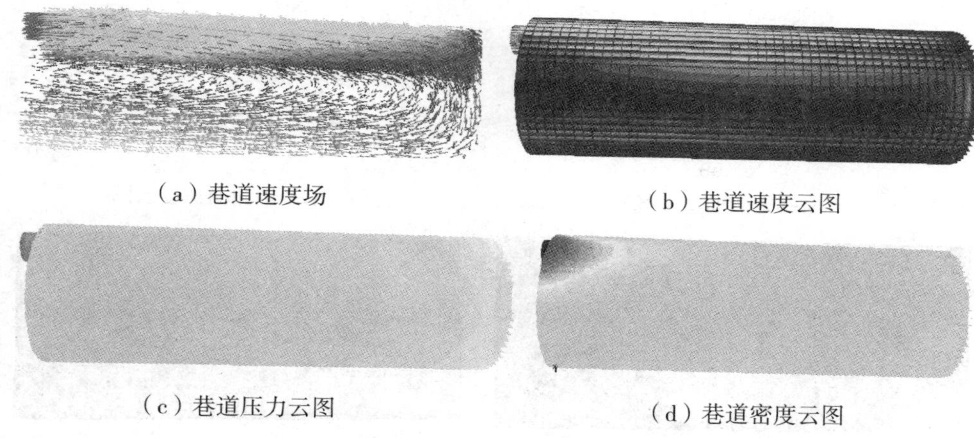

（a）巷道速度场　　（b）巷道速度云图

（c）巷道压力云图　　（d）巷道密度云图

图 5–11　掘进面风流特征

由于本次考虑的是高湿度的问题，所以进行结果分析时需要分析的更全面。由结果分析以后，得到了很多结论。首先在对巷道速度分析时发现，其最大速度进一步下降，速度范围也进一步下降，其速度范围为 0.008210934 ～ 1.615196 m/s。我们看到其巷道内流场最大速度相比湿度 20% 时下降了 0.08m/s 左右。收整体速度的影响紊流区域的速度也有所下降。但速度场与云图的结构性没有多大的变化，还是保持前面分析的情况。

对其巷道的气压及其密度情况简单分析之后，我们获得了一些数据。巷道气压范围为 –0.3961565 ～ 0.4411563Pa。由巷道气压的范围，我们可以看到相比前面几个湿度情况，它的最大气压也是进一步下降，主要是随着湿度的增加而下降。其压力的分布我们由云图得知，在送风口附近气压较低，随着巷道深度的增加，速度随着降低，气压也随着增大；通过对密度的情况分析发现，密度也有下降，下降幅度一般，密度范围变化不大，通过对密度云图的分析发现，其密度的分布几乎没有变化，密度最大处还是在送风口位置。

②下面通过一些典型平面，分析一下速度场、压力场等的变化：选取 x=0、y=0 的轴侧面，x=1 的平面（在风筒位置附近），x=–1 的平面、y=–1 平面的速度场与云图进行分析。速度场与云图如下各图所示。

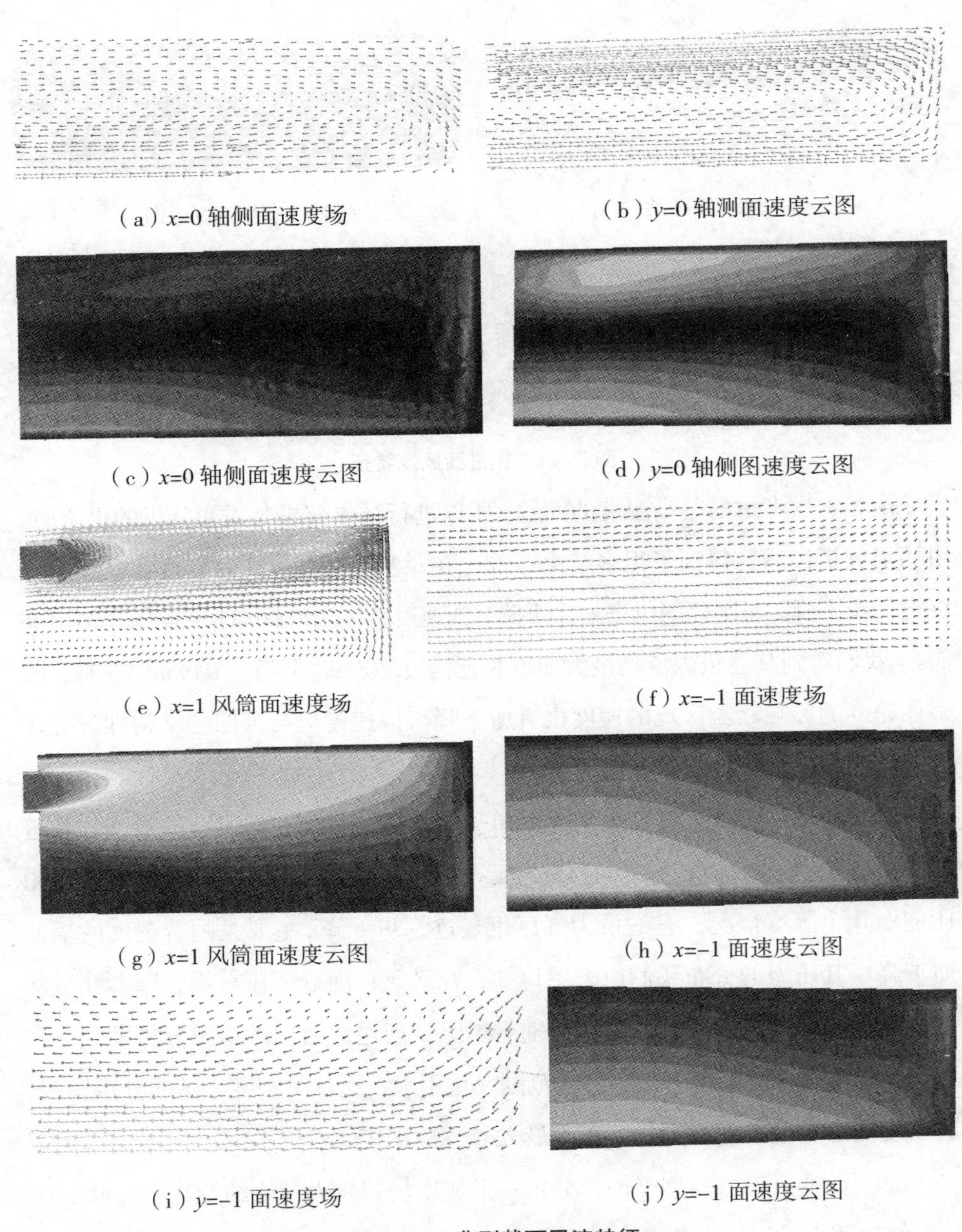

图 5-12　典型截面风流特征

由以上对几个典型的平面分析以后，总结出了几点结论。通过对两个轴侧面 $x=0$、$y=0$ 的分析得到，由速度场与云图发现，速度场与速度云图的分布没有多大的改变，平面速度由于受巷道速度的影响大小稍有下降，两个平面的共同点在于中间部分，速度都很小，都有湍流去的出现，原因在于这里处于巷道的中间区域附近，这个部分的流场比较复杂，同前面的几种情况也相差无几。

对平面 x=1、x=−1、y=−1 三个平面的速度场与速度云图，有图上我们可以看到，流场速度的分布还算稳定，总体上与前面速度分布基本一致，不一样的地方还是出现在流场的速度上，速度范围较之前的减小了，现在我们几乎可以得到。湿度增加的过程中流场的速度也有相应地降低。速度分布还是按照近进风口处速度高，巷道中部附近速度较低，由湍流区、巷道壁面右下部速度较高但要比进风口低很多。

5.3.2　湿度不同的温度场分析

本小节主要分析当速度不变时，湿度不同的温度场。将分析模拟计算结果，保持煤壁温度为 33℃，当送风温度为 22℃，风速为 1.5m/s，分别计算湿度为 20%、40%、60%、80%、100% 的温度场。

（1）送风湿度 20% 时的温度场分析。

①巷道的整体分析，通过对计算结果的处理与分析，得到如下的结论。

（a）巷道速度场的温度图

（b）巷道温度云图

（c）低于 26℃区域

图 5–13　掘进面风流特征

通过对巷道内的温度场分析，知道了巷道内的温度分布。巷道内温度的范围为 294.9999 ～ 300.1738k。从第一张图的温度随着速度的变化，可以看出送风口位置的温度较低，但是随着深度的增加温度不断增加，速度也降低了，当形成漩涡流之后，由于分流外部经过壁面，温度进一步提高，所以温度高的区域主要集中在离送风口较远的巷道临近壁面的区域，如图中的巷道底部附近温度较高。但温度最高的区域还是送风口旁边的一片区域，那片区域由于送风筒的冷风几乎到达不了这边区域，到这温度很高。巷道的中部温度温度分布比较平均。

由于国家煤矿规定高于掘进作业面平均温度不得超过 26℃，由上图我们可以看出其低于 26℃的范围不大，区域主要集中风筒送风方向的地方，而其他区域超过 26℃。

②分析一下几个特殊平面的温度场。选定 $x=0$、$y=0$ 的轴侧面，$x=1$、$x=-1$、$y=-1$ 平面进行分析，如下：

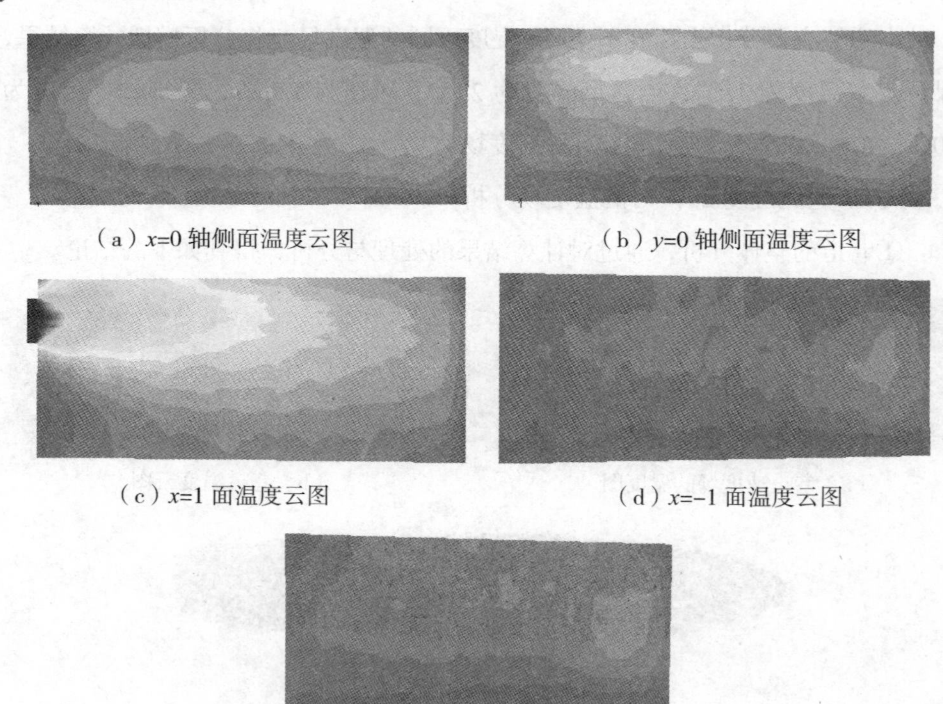

（a）$x=0$ 轴侧面温度云图

（b）$y=0$ 轴侧面温度云图

（c）$x=1$ 面温度云图

（d）$x=-1$ 面温度云图

（e）$y=-1$ 面温度云图

图 5–14 掘进面风流特征

由上面几个平面的分析得到了几点信息：首先对 x=0、y=0 的轴测图，对于 x=0 界面上看到其中部温度比较低范围在 298.7941 ～ 299.13901k 之间，几乎是符合规定的温度，而对于 y=0 轴侧面得到其中部的温度范围为 298.62164 ～ 299.31149k，两者之间之间相差不大；对于 x=1、x=−1、y=−1 面的由上图我们知道，因 x=1 平面在风筒附近，所以其温度低的地方比较大多，大部分温度范围为 295 ～ 299.139k。而 x=−1 面由于位于风筒位置的另外一侧，离其较远加之靠近壁面，所以温度较高，大部分处于温度在 299.31149 ～ 299.6564k。而对于平面 y=−1 我们看到，其大部分温度也相对较高，范围在 299.13901 ～ 299.6564k，此平面与上一平面相同，它在巷道的底部附近，当风到达这个地方时温度已经比较高了。

（2）湿度为 40% 的温度场分析。

①巷道的整体分析，通过对计算结果的处理与分析，大概论述一下计算分析结果，得到如下的结论。

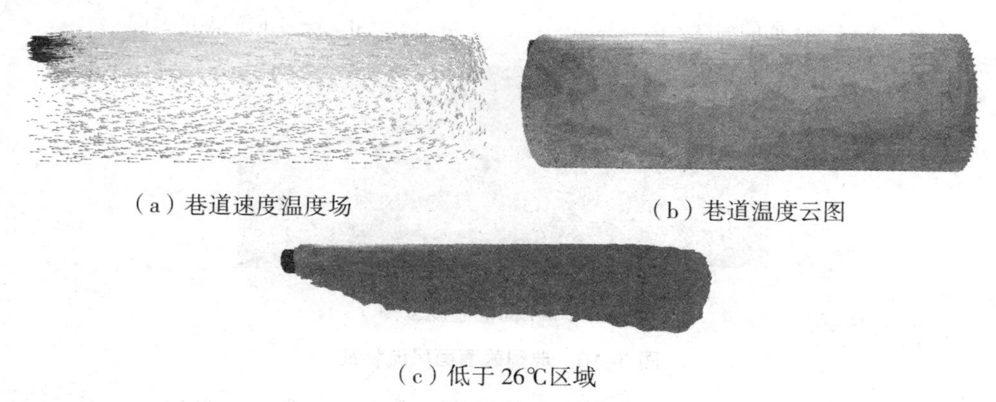

（a）巷道速度温度场　　（b）巷道温度云图

（c）低于 26℃区域

图 5–15　掘进面风流特征

由对巷道整体的温度分析，对其温度分布研究，获得了很对可靠的结果。由上面的速度温度场与云图共同分析，我们知道其温度分布与前一种湿度情况的相处无几，就不做过多地分析了，我们从图中看到其表面的温度相比之下要低一些，其中总体巷道的温度范围为 294.9999 ～ 300.14k，温度有所下降。其中其巷道底部区域的温度依然跟高，没有达到指定温度。由最下面的图可以看到，巷道的温度达到指定范围的区域增加了不少，增加的区域位于巷道深处区域，主要是作业面上其余温度降低了。

②分析一下几个特殊平面的温度场。选定 x=0、y=0 的轴侧面，x=1、x=−1、y=−1 平面进行分析，结果如下所示。

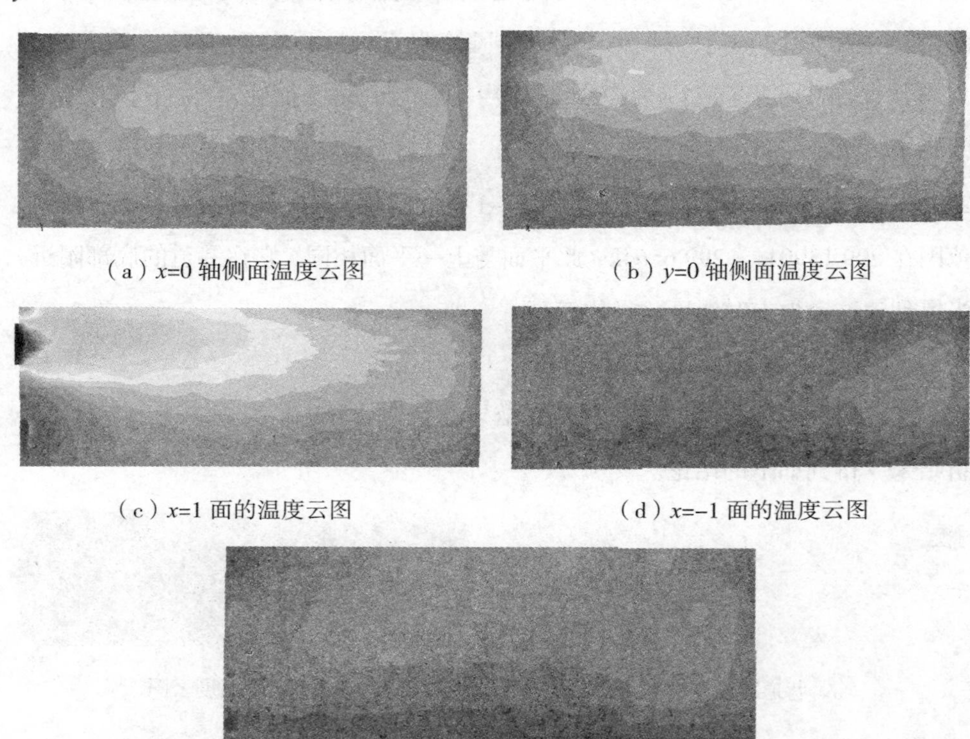

（a）x=0 轴侧面温度云图　　（b）y=0 轴侧面温度云图

（c）x=1 面的温度云图　　（d）x=−1 面的温度云图

（e）y=−1 面的温度云图

图 5–16　典型截面面风流特征

通过这几个特殊平面的分析，对其温度的分布进行研究，获得了：对于轴侧面 x=0、y=0 我们知道其低温区域增加了不少，首先轴侧面 x=0 中部区域温度范围为 298.73334 ～ 299k，低于规定温度。对于轴侧面 y=0 绝大部分区域温度范围为 298.59998 ～ 299k，此平面上的温度分布几乎达到了标准；分析 x=1、x=−1、y=−1 面得到，对与 x=1 面，其位于风筒附近，温度较低大部分温度低于 299k，而 x=−1 平面的大部分温度位于范围为 299.28439 ～ 299.45578k 左右，主要是离风筒较远。y=−1 面的温度范围为 299.11301 ～ 299.45578k，此平面位于巷道底部，离进风口较远温度较高。

（3）湿度为 60% 的温度场分析。

①巷道的整体分析，通过对计算结果的处理与分析，大概论述一下计算分析结果，得到如下的结论。

（a）巷道速度温度图

（b）巷道温度云图

（c）低于 26℃区域

图 5–17　掘进面风流特征

通过对巷道模拟计算结果的分析，得出上面的云图。由此研究分析得出：巷道内的速度温度场没有发生本质的变化，这是温度范围发生一些变化，巷道内的温度总体温度经一部下降了一点。巷道内温度结构梯度没有发生很大的变化相比前面几种湿度情况。都是外围的与巷道底部温度最高，这一区域比较集中。

通过上面巷道低于 26℃区域，我们知道，巷道大部分几乎达到了规定的要求，对比前几种情况，降温范围又一次增大了。作业面几乎达到了规定要求。

②分析一下几个特殊平面的温度场。选定 x=0、y=0 的轴侧面，x=1、x=−1、y=−1 平面进行分析，结果如下所示。

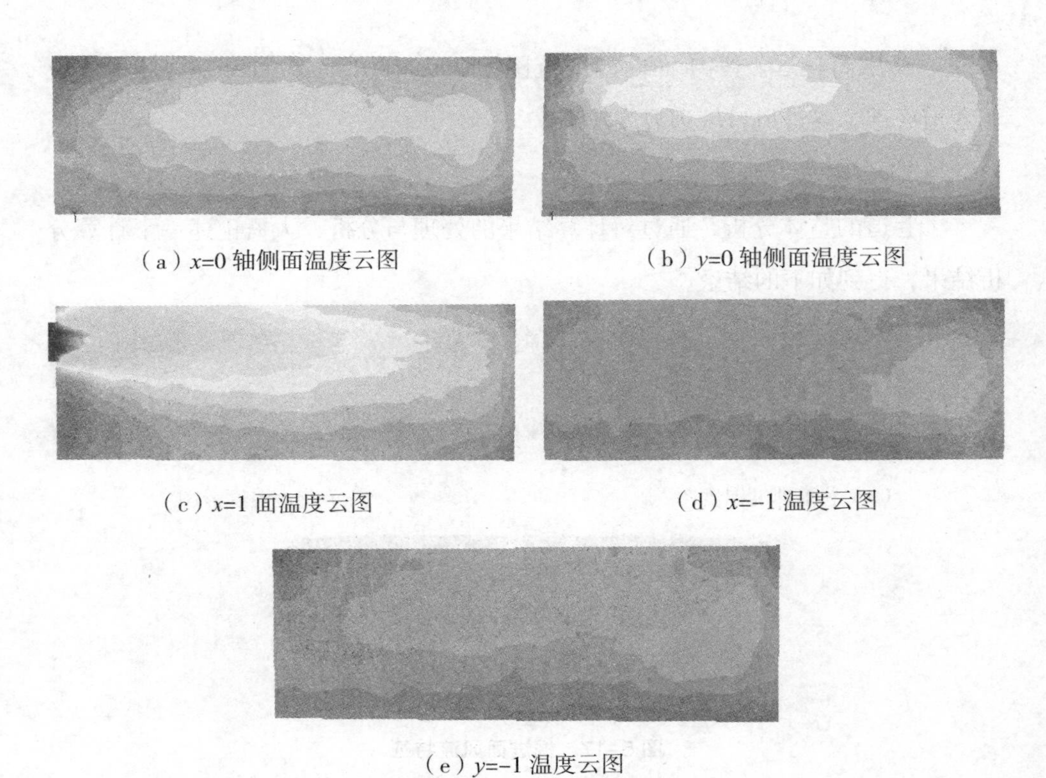

（a）$x=0$ 轴侧面温度云图　　（b）$y=0$ 轴侧面温度云图

（c）$x=1$ 面温度云图　　（d）$x=-1$ 温度云图

（e）$y=-1$ 温度云图

图 5-18　典型截面风流特征

通过以上分析我们知道了，关于上面几个平面内温度的分布情况，详情如下：对于轴侧面 $x=0$、$y=0$ 两个平面，$x=0$ 面上中部区域的温度的范围为 298.65482 ～ 299.0029k，与前一种湿度情况变化不大。而 $y=0$ 的大部分区域的温度的范围为 298.46664 ～ 299k，较上一种湿度情况有所增加；分析 $x=1$、$x=-1$、$y=-1$ 面的温度云图得到。$x=1$ 平面的温度一般都较低，绝大部分范围温度范围低于 299k。$x=-1$ 面的温度范围大部分在 299.0029 ～ 299.35098k。相较上一湿度又有所降低。$y=-1$ 面的温度范围大部分在 299.0029 ～ 299.35098k，较上一湿度温度进一步下降。

（4）湿度为 80% 的温度场分析。

①巷道的整体分析，通过对计算结果的处理与分析，大概论述一下计算分析结果，得到如下的结论。

（a）巷道速度温度场

（b）巷道温度云图

（c）低于 26℃区域

图 5–19　掘进面风流特征

通过对湿度 80% 送风流进行分析，得到了如下几个结论：通过速度温度场知道巷道内的温度场的总体结构没有大的变化，规律几乎还是一样的，结合温度云图分析过后，证明这一点是正确的。而且先到内的温度范围没有大的变化，但是局部的温度有所改变较上湿度的情况。温度低区域还是在巷道的前上方，哪儿离风流较近，降温幅度较大。

由上面的低于 26℃区域的大小得到，降温效果得到了进一步提升。巷道内主要工作面几乎达到作业要求。巷道最里端降温温度良好。

②分析一下几个特殊平面的温度场。选定 x=0、y=0 的轴侧面，x=1、x=–1、y=–1 平面进行分析，结果如图 5–20 所示。

进过这几个特殊平面的分析，对其温度云图的分布进行分析，获得了以下结论：由轴侧面 x=0、y=0 知道其低温区域增加了不少，首先轴侧面 x=0 中部区域温度范围为 298.58041 ～ 298.92142k，这里的温度进一步下降。对于轴侧面 y=0 绝大部分区域温度范围为 298.40991 ～ 298.92142k，此平面上的温度分布几乎达到了标准，而且较上湿度情况温度进一步降低了；由 x=1、x=–1、y=–1 面得到，对与 x=1 面，其位于风筒附近，温度较低极大部分温度低于 299k。x=–1 平面的大部分温度位于范围为 298.92142 ～ 299.26242k，也进一步下降了。y=–1 面的温度范围为 298.92142 ～ 299.26242k。此平面离进风口较远温度较高，但是此平面的温度也得到了相应的下降。

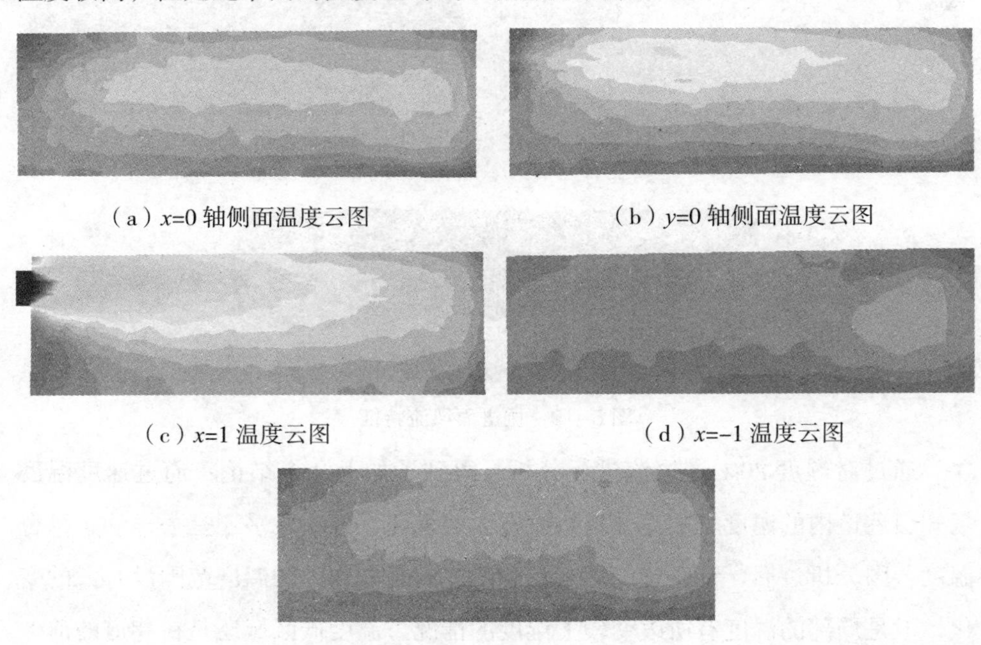

（a）x=0 轴侧面温度云图　（b）y=0 轴侧面温度云图

（c）x=1 温度云图　（d）x=−1 温度云图

（e）y=−1 温度云图

图 5-20　典型截面风流特征

（5）湿度为 100% 的温度场分析。

①巷道的整体分析，通过对计算结果的处理与分析，大概论述一下计算分析结果，得到如下的结论。

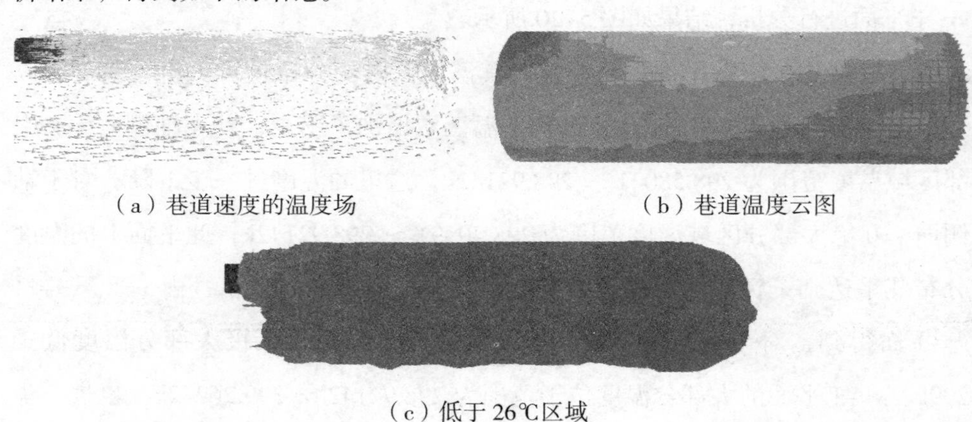

（a）巷道速度的温度场　（b）巷道温度云图

（c）低于 26℃区域

图 5-21　掘进面风流特征

对超高湿度 100% 送风流结果分析后，自己得到了如下几个结论：通过速度温度场与云图，知道了巷道内的温度场的总体结构没有大的变化，温度的变化结构没有太多的变化，规律还是一样的，由云图分析可知这一点显然成立。而且巷道内的温度范围没有大的变化，但是局部的温度有所改变较上湿度的情况。温度低区域还是在巷道的前上方，低温度区域进一步增加，而且增加的范围还挺大的。下面就对其进行介绍。

由上面的低于 26℃区域的大小得到，降温效果得到了进一步提升。巷道内主要工作面达到作业要求，巷道的总体降温效果良好。

②分析一下几个特殊平面的温度场。选定 x=0、y=0 的轴侧面，x=1、x=−1、y=−1 平面进行分析，结果如下所示：

（a）x=0 轴侧面温度云图

（b）y=0 轴侧面温度云图

（c）x=1 温度云图

（d）x=−1 温度云图

（e）y=−1 温度云图

图 5-22　典型截面风流特征

对这几个特殊平面其温度云图的分布进行分析以后，获得了几点结论：轴侧面 $x=0$、$y=0$ 低温区域增加了很多。轴侧面 $x=0$ 大部分区域温度范围为 298.58057 ～ 299k，这里的温度进一步下降，而且大部分的温度都低于了 299k。较之前中部区域扩大到了大部分区域，这有靠近壁面的温度高于 299k。对于轴侧面 $y=0$ 绝大部分区域温度范围为 298.32483 ～ 299k，此平面上的温度分布几乎也达到了标准，而且较上湿度情况温度进一步降低了，区域也进一步增大了。

由 $x=1$、$x=-1$、$y=-1$ 面得到，对与 $x=1$ 面，其位于风筒附近，温度较低极大部分温度低于 299k；$x=-1$ 平面的大部分温度位于范围为 298.83633 ～ 299.347872k，也进一步下降了，而且我们由云图可以看到，平面两侧各有一处低温区，它们都包围在一个稍微高温的区域；$y=-1$ 面的温度范围为 298.83633 ～ 299.34787k。此平面离进风口较远温度较高，但是此平面的温度也得到了相应的下降。由图中我们看到此平面的上半部分温度都是低于 299k 的。

5.3.3 最优降温的湿度分析

上面两小节分别详细分析了湿度分别为 20%、40%、60%、80%、100% 的温度场与速度场，并通过一些特殊平面，详细分析了其降温的效果。现在对其速度场与温度场进行比较分析。

对速度场分析时，还对其压力场与密度场进行了简单的分析。通过对速度场、压力场分析发现，当湿度增加时，巷道内的速度有所降低，每次增加湿度速度就会相应的衰减，从送风湿度为 20% 到湿度为 100%，最大的速度减少了 0.08m/s 左右。但是巷道内速度场的结构性没有改变，通过对巷道内的温度场分析后发现，速度的很小幅度的衰减对降温效果没有多大的影响。所以速度场就不做比较了。

现在对不同湿度的温度场做一个降温效果的对比分析。选取巷道低于 26℃ 区域云图、$x=-1$ 面、$y=-1$ 面作为比较对象，比较如下：

（1）低于 26℃区域云图比较。

（a）湿度 20%

（b）湿度 40%

（c）湿度 60%

（d）湿度 80%

（e）湿度 100%

图 5–23　掘进面湿度分布

由低于 26℃区域云图的比较，我们容易看到，降温效果最好的是湿度为 80% 与 100% 的两种情况。虽然看起来感觉湿度为 100% 的降温效果更好。但是我们还是要做一些湿度 100% 与湿度 80% 的比较来选出最优的湿度。

（2）选取 x=–1 面、y=–1 面。就选取这两个平面因为他们都处于离进风口较远的地方，x=–1 面位于巷道右侧，y=–1 面位于巷道底部区域，都是位于巷道内的高温地方。故选取其做对比。

x=–1 面温度云图比较。

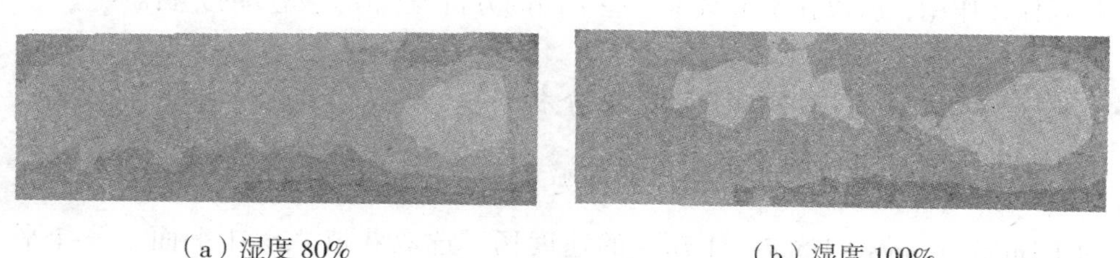

（a）湿度 80%

（b）湿度 100%

图 5–24　典型截面湿度分布

通过观察以上平面的温度云图，我们发现湿度 100% 的低温度区的范围要比湿度为 80% 大一点。通过这一平面对比的 100% 湿度的降温效果要好一点。

y=-1 面温度云图比较：

（a）湿度 80%

（b）湿度 100%

图 5-25　典型截面湿度分布

由上两图的温度对比发现，湿度为 100% 的低温度区还是要比湿度为 80% 的要大。通过这一平面的对比以后，还是 100% 湿度的降温效果要好。

通过对比发现湿度为 100% 的送风降温效果要更好。由此得到，当湿度增加时，降温效果也会更好。如果工作面环境允许的情况下，增加通风湿度可能会有更好的效果。

5.4　送风的风速对高温巷道降温的效果

上一节我们对送风的湿度对巷道的降温效果进行分析，并得出了结论。而本节将通过巷道送风速度的变化进行降温效果的研究，煤壁温度为 33℃，风筒出风温度为 22℃，湿度为 60% 时，分别计算风速为 1.1m/s、1.3m/s、1.5m/s、1.7m/s 的速度场和温度场。通过上一节的分析，我们知道有些平面的选取分析对结果的分析没有多大的影响，压力场与密度场的分析对降温效果分析也没有起到什么作用，所以在本节减少一些平面的分析与气压、密度的分析。

5.4.1　送风速度不同的速度场分析

煤壁温度为 33℃，风筒出风温度为 22℃，湿度为 60% 时，分别计算风速为 1.1m/s、1.3m/s、1.5m/s、1.7m/s 的速度场。选取巷道、*x*=-1 平面、*y*=-1 平面进行速度场分析。

（1）送风速度 1.1m/s 时，速度场分析如下。

①巷道的速度场分析，如下图所示。

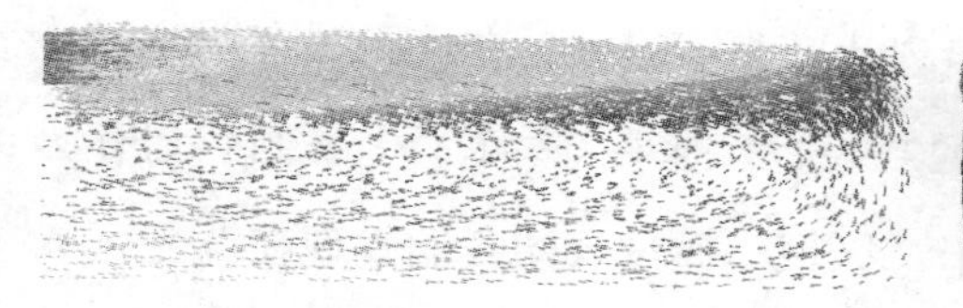

（a）巷道速度场

（b）巷道速度云图

图 5-26　掘进面速度分布

由上一节的关于巷道速度场变化的分析得知，巷道内的速度场结构随着湿度的增加没有多少比变化。通过与上图的对比之后，我们发现速度场的机构差不多。当进口送风时，进口处由于速度大所以气压低，遇到与巷道内没有速度的气体时，由于压力差带动其产生了较大速度的变化，越接近风筒送风口，气压变化就越大，速度变化就越大。随着深度的增加速度开始衰减，风流达到壁面时，速度方向发生改变慢慢就形成了方向的倒转，最终形成回旋流，在巷道中部附近区域形成一个湍流的区域，速度大小都普遍比较小，由等值速度云图的观察分析这一点依然成立。我们由上图分析得到巷道内的速度范围为0.003523256 ～ 1.207045m/s。

②分析一下几个典型的平面上的速度场，如下所示。

（a）x=−1 面速度场

（b）y=−1 面速度场

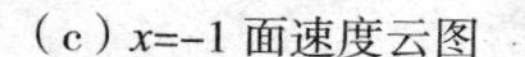

（c）x=−1 面速度云图

（d）y=−1 面速度云图

图 5-27　典型截面速度分布

通过对 x=−1、y=−1 两个的分析，我们可以看到：x=−1 面上流体的方向几乎都是向外流动的，上面部分的速度相对要小一些。其速度的范围为

0.060047001 ～ 0.36028299m/s 之间，出现速度为零应该是在该区域有湍流，其大部分的速度范围在 0.180142 ～ 0.36028299m/s 之间；y=−1 面上我们看到有明显的湍流区域，该区域速度较小在其上部区域。通过云图我们发现在湍流区域确实其速度很小，其速度范围为 0.060047001 ～ 0.36028299m/s，我们发现它的速度范围与前一平面一样都处于低速区域。其大部分的速度范围为 0.120094 ～ 0.36028299m/s。相对于上一平面要速度差要大一些。

（2）送风速度 1.3m/s 时，速度场分析如下。

①巷道的速度场分析，如下图所示。

（a）巷道速度场　　（b）巷道速度云图

图 5-28　掘进面速度分布

通过对上面速度场与速度云图的分析，得到了几点结论：其速度场的机构梯度变化不大，只是巷道里的速度发生一些变化，由分析得到巷道内的速度范围变为 0.006756855 ～ 1.419235m/s, 主要由于送风速度的提高，巷道内其他区域的速度也有增加，湍流区域变化非常小。

②分析一下两个典型的平面上的速度场，如下所示。

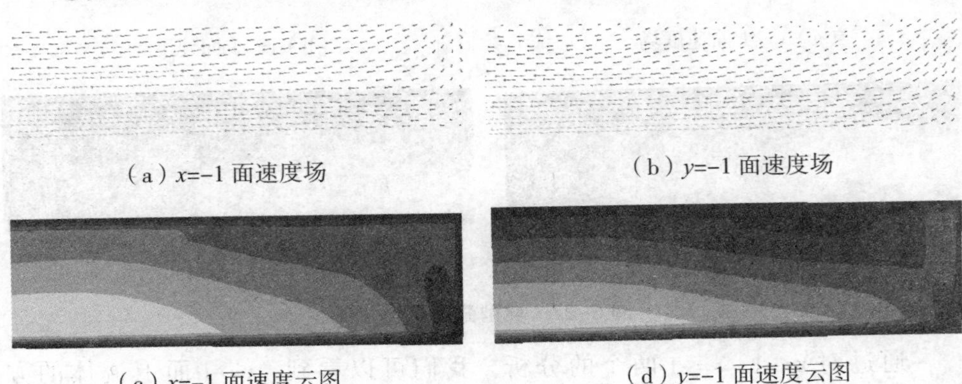

（a）x=−1 面速度场　　（b）y=−1 面速度场

（c）x=−1 面速度云图　　（d）y=−1 面速度云图

图 5-29　典型截面速度分布

由面 $x=-1$、$y=-1$ 两个的分析，我们看到速度场与速度云图的形状与速度梯度没有多大的变化，这时 $y=-1$ 面上后部的速度接近了，其他没有什么变化。$x=-1$ 的速度范围为 0.006757 ～ 0.50112402m/s, 速度正在增加了，其大部分的速度范围为 0.218629 ～ 0.4305m/s；$y=-1$ 面速度范围为 0.006757 ～ 0.4305m/s，大部分速度范围为 0.141587 ～ 0.424761m/s。

（3）送风速度 1.5m/s 时，速度场分析如下。

①巷道的速度场分析，如下图所示：

（a）巷道速度场

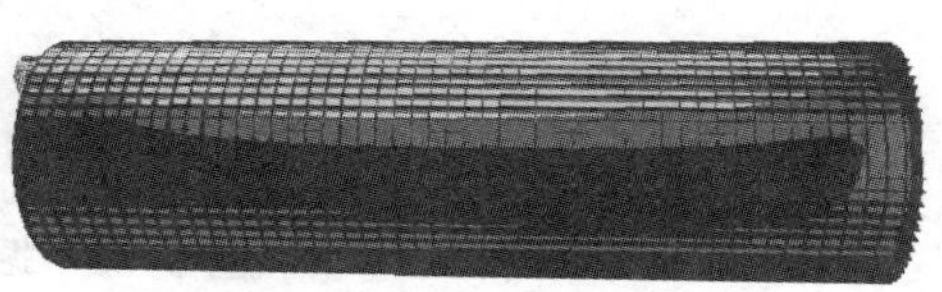

（b）巷道等值速度云图

图 5–30　掘进面速度分布

通过对巷道的速度场与速度云图共同分析，知道巷道的速度流场没有多少变化，湍流区域变化并不大，所以巷道内的速度场相对稳定；分析获得了巷道的速度范围为 0.00982655 ～ 1.62933m/s。

②分析一下两个典型的平面上的速度场，如下所示。

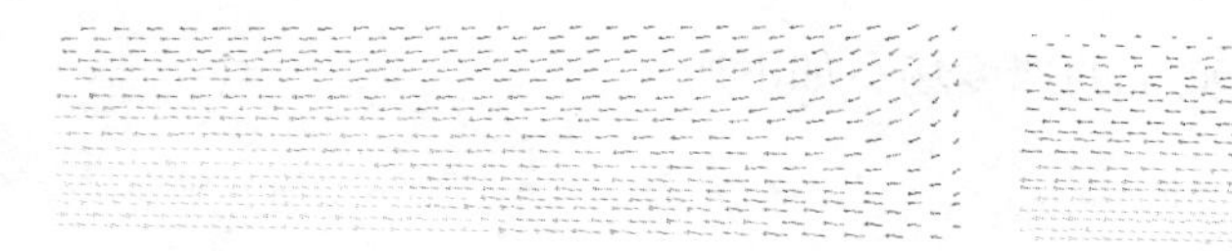

（a）$x=-1$ 面速度场

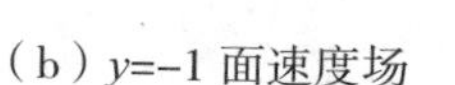

（b）$y=-1$ 面速度场

（c）$x=-1$ 面速度云图

（d）$y=-1$ 面速度云图

图 5–31　典型截面速度分布

通过面 $x=-1$、$y=-1$ 两个的速度场与云图分析，得到速度场与速度云图的形状与速度梯度变化不大，$y=-1$ 面上后部的速度接近了。$x=-1$ 的速度范围为 0.090802 ～ 0.495678m/s, 速度增加了，其大部分的速度范围为 0.244313 ～ 0.495678m/s；y=−1 面速度范围为 0.009827 ～ 0.495678m/s，大部分速度范围为 0.162876 ～ 0.495678m/s，速度都随着送风速度的增加而增加了。

（4）送风速度 1.7m/s 时，速度场分析如下。

①巷道的速度场分析，如下图所示。

（a）巷道速度场

（b）巷道等值速度云图

图 5–32　掘进面速度分布

对巷道的速度场与速度云图共同分析，我们知道巷道的速度流场的结构还是没有多少变化，湍流区域变化相比前几种情况，有一定幅度的缩小，由于进口速度的增加导致得这种情况，但巷道内的速度场还是相对稳定；由分析获得了巷道的速度范围为 0.006147416 ～ 1.842882m/s。

通过这个进口送风速度的增加，巷道内的最大速度也随着加，但巷道的速度流场结构没有多大的变化。

②分析一下两个典型的平面上的速度场，如下所示。

（a）x=−1 面速度场

（b）y=−1 面速度场

（c）x=−1 面速度云图

（d）y=−1 面速度云图

图 5–33　典型截面速度分布

通过面 x=−1、y=−1 两个的速度场与云图分析，速度场与速度云图的形状与速度变化不大。只是速度的增加了一点；x=–1 的速度范围为 0.097984 ～ 0.557168m/s，速度增加了，其大部分的速度范围为 0.28165799 ～ 0.55716801m/s；y=–1 面速度范围为 0.006147 ～ 0.55716801m/s，大部分速度范围为 0.189821 ～ 0.55716801m/s。

平面上的速度都随着送风速度的增加而增加了，这时速度场的结构并没有多少变化。

5.4.2　送风速度不同的温度场分析

煤壁温度为 33℃，风筒出风温度为 22℃，湿度为 60% 时，分别计算风速为 1.1m/s、1.3m/s、1.5m/s、1.7m/s 的温度场。选取巷道、x=–1 平面、y=–1 平面进行温度场分析。

（1）送风速度 1.1m/s 时，温度场分析。

①巷道的整体的温度场分析，分析如下所示。

（a）巷道速度场的温度图

（b）巷道温度云图

（c）低于 26℃区域

图 5–34　巷道温度场分布

从上面的速度的温度图，我可以看到，进风口处温度最低，随着深度的增加与速度的衰减，温度也不断升高。通过速度场的温度图与温度云图共同分析下，我们看到进风口远的地方，越是靠近壁面温度就越高，温度最高的区域为巷道下底部。分析得到了巷道内的温度范围为 294.9999 ～ 300.2332k。

通过最下面的低于 26℃区域云图，发现其巷道的低于 299k 区域主要集中在风筒附近，而其巷道内温度大部分是超过 299k，不符合规定的温度条件，此送风的速度降温效果不怎么好。

②分析一下两个特殊平面的温度场，选择 x=–1 平面、y=–1 平面进行分析，分析如下。

（a）x=–1 面温度云图

（b）y=–1 面温度云图

图 5–35　典型截面温度场分布

分析 x=–1、y=–1 面的温度云图，获得一些温度的分布情况：x=–1 面的大部分区域温的度范围为 299.29675 ～ 299.6405k。y=–1 面的大部分区域的温度为 299.12488 ～ 299.46863k；造成这两个平面的区域温度这么高的原因，当风流到达的时候温度很高了和速度也减少了很多，导致降温效果不佳。

（2）送风速度 1.3m/s 时，温度场分析。

①巷道的整体的温度场分析，分析如下所示。

（a）巷道速度场的温度图

（b）巷道温度云图

（c）低于 26℃区域

图 5–36　巷道温度场分布

由上面的速度温度场得到：巷道的温度机构没有发生什么变化，通过温度云图，我们发现巷道内温度发生了一些变化，很多的地方的温度都普遍降低了较上一种速度情况；分析得到巷道内的温度范围为 294.9999 ～ 300.188k。总的温度范围发生很大的变化。

由下面的低于 26℃区域，我们可以看到巷道里面的温度降低不少。但总体上仍然还有很大一部分不达标的。

②分析一下两个特殊平面的温度场，x=–1、y=–1 平面分析，分析如下。

（a）x=–1 面温度云图

（b）y=–1 面温度云图

图 5–37　典型截面温度场分布

分析 x=–1、y=–1 面温度云图，得到了一下的温度分布数据：x=–1 面上极大部分面积上的温度范围在 299.12189 ～ 299.46539k；y=–1 面上大部分面积的温度范围在 299.12189 ～ 299.29364k。与前面的送风速度对比知道，温度降低了很多。

（3）送风速度 1.5m/s 时，温度场分析。

①巷道的整体的温度场分析，分析如下所示。

（a）巷道速度温度图

（b）巷道温度云图

（c）低于 26℃区域

图 5–38　巷道温度场分布

通过对巷道模拟计算结果的分析，得出上面的云图。由此研究分析得出：巷道内的速度温度场没有发生本质的变化，这是温度范围发生一些变化，巷道内的温度总体温度经一部下降了一点，分析得到巷道的温度范围为294.9999 ～ 300.2464k。

通过上面巷道低于26℃区域，我们知道，巷道大部分几乎达到了规定的要求，对比前几种情况，降温范围又一次增大了。作业面几乎达到了规定要求。

②分析一下两个特殊平面的温度场。x=−1、y=−1平面进行分析，结果如下所示。

（a）x=−1 温度云图

（b）y=−1 温度云图

图 5–39 典型截面温度场分布

以上云图分析我们知道了，关于上面几个平面内温度的分布情况，详情如下：对分析x=−1、y=−1面的温度云图得到。x=−1面的温度范围大部分在299.0029 ～ 299.35098k。相较上一送风速度又有所降低。y=−1面的温度范围大部分在299.0029 ～ 299.35098k，较上一送风速度的情况温度进一步下降，但是温度下降的不是很多。

（4）送风速度1.7m/s时，温度场分析。

①巷道的整体的温度场分析，分析如下所示。

（a）巷道速度场的温度图

（b）巷道温度云图

（c）低于26℃区域

图 5–40 巷道温度场分布

由对巷道整体的温度分析，对其温度分布研究，获得了很可靠的结果。由上面的速度温度场与温度云图，发现巷道的整体温度进一步的下降了，我们从图中看到其表面的温度相比之下要低一些，其中总体巷道的温度范围为 294.9999 ～ 300.2878k，温度有所下降。其中其巷道底部区域的温度依然很高，没有达到指定温度。由最下面的图可以看到，巷道的温度达到指定范围的区域增加了不少，增加的区域位于巷道深处区域，主要是作业面上其余温度进一步降低了。巷道内大部分区域达到规定的温度。

②分析一下两个特殊平面的温度场。对 x=−1、y=−1 平面进行分析，结果如下所示。

（a）x=−1 温度云图

（b）y=−1 温度云图

图 5–41　典型截面温度场分布

通过分析 x=−1、y=−1 面温度云图，得到了一些数据：x=−1 面上大部分的温度处于范围为 298.972 ～ 299.317k；y=−1 面上大部分的温度处于范围为 298.799 ～ 299.317k；虽然比上一种送风速度的情况温度有所下降，但是下降的幅度不大，平面的上温度分布变化不是很大。

5.4.3　最优降温的速度分析

上面两小节分别详细分析了风速为 1.1m/s、1.3m/s、1.5m/s、1.7m/s 的速度场和温度场。并且通过两个特殊平面与巷道的分析，详细地获得了每种送风速度的降温情况。现通过几种送风速度的降温效果进行比较分析。

现对不同的送风速度的降温效果进行对比分析，选取巷道低于 26℃区域云图、x=−1 面、y=−1 面作为比较对象，比较如下。

（1）低于 26℃区域云图比较。

（a）风速 1.1m/s　　（b）风速 1.3m/s

（c）风速 1.5m/s　　（d）风速 1.7m/s

图 5-42　巷道风速分布

由此区域云图对比发现，送风速度为 1.7m/s 降温效果最好，达到指定工作温度范围更大，但其风速变化所引起的温度下降速度并不是很快，且与 1.5m/s 的差距不大。

（2）选取 x=–1 面、y=–1 面进行比较风速 1.7m/s 与 1.5m/s。

① x=–1 面温度云图比较：

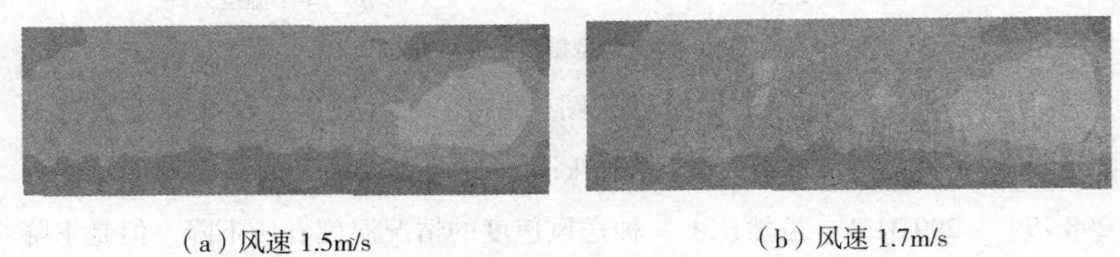

（a）风速 1.5m/s　　（b）风速 1.7m/s

图 5-43　典型截面风速分布

由 x=–1 温度云图比较，我们得到风速 1.7m/s 的降温效果更好，但与 1.5m/s 的差距较小。

② y=–1 面温度云图比较：

（a）风速 1.5m/s　　（b）风速 1.7m/s

图 5-44　典型截面风速分布

通过此云图分析得到：1.7m/s 的效果更好，但是与 1.5m/s 的差距不大。

综上所述，风速 1.7m/s 降温效果更好，但是它与 1.5m/s 的差距并不是很大。所以，预测如果只是一直增加送风速度，达到一定限度以后，其温度变化不大，降温效果可能达不到预期效果。

5.5　送风的湿度与速度耦合分析

送风的湿度与风速搭配需要合理，要充分考虑掘进巷道的环境而定，既能达到降温的效果，有能降低成本，这个时候最合理的搭配。

通过前两节的计算与分析我们知道，大概知道了：当保持煤壁温度为 33℃，送风温度为 22℃，风速为 1.5m/s，分别分析湿度为 20%、40%、60%、80%、100%，发现随着湿度的增加，降温效果也越来越好，得到 100% 湿度效果最佳；当煤壁温度为 33℃，风筒出风温度为 22℃，湿度为 60% 时，分别分析风速为 1.1m/s、1.3m/s、1.5m/s、1.7m/s，我们知道，随着风速的增加，降温的效果也很好，但是降温的效果没有湿度增加时变化那么快。

通过分析我们发现，湿度与速度对于降温效果来说都是越大越好，但是有时并不是越大越好，要综合考虑巷道环境因素与成本问题，没有考虑巷道内的流体的情况下，现在综合考虑一下湿度与风速的搭配。重点分析一下湿度 80% 与 100%，风速为 1.5m/s 与 1.7m/s 的情况，得到一个合理的搭配，对比一下各图的降温达到规定的区域云图。

如下图：

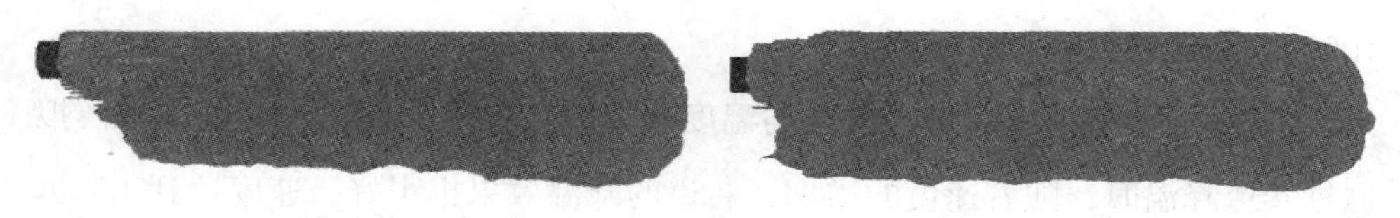

（a）湿度 80%　　　　（b）湿度 100%

图 5–44　巷道风速分布

（c）风速 1.5m/s　　（d）风速 1.7m/s

图 5-45　典型截面风速分布

通过上图分析，我们可以看到，降温效果最好的搭配是 1.7m/s 与 100% 湿度，其次是湿度 80% 与风速 1.7m/s，（a）图与（b）图就是在 1.5m/s 的情况下，降温效果最后应该是 1.5m/s 与湿度 80%。我们通过（a）图与（c）图对比发现，增加湿度的情况下，降温效果会有很大的提升。

通过对比，综合考虑成本方面的因素，我们发现虽然风速 1.5m/s 与湿度 80% 的搭配降温效果虽然不是最好，但是降温的效果还是基本上达到了规定要求。其次可以选择风速 1.5m/s 与湿度 100% 的搭配，降温的效果要好一点，最后风速 1.7m/s 与湿度 80% 的搭配或者 1.7m/s 与 100% 湿度的。不建议选择 1.7m\s 与湿度 100% 的搭配，虽然降温效果最好，但是成本较高，没有必要。

本章通过模拟计算对绝境巷道在不同的送风速度、湿度参数条件下，进行模拟结算分析得到以下几点。

通过前两节关于送风的湿度与速度的模拟分析之后，我们得到了一些如下的结论。

（1）当巷道温度、送风速度与温度不变时情况下，通过改变湿度来模拟掘进巷道降温，随着湿度增加的，巷道降温的效果也越来越好，湿度达到 100% 时降温的效果为最好。

（2）当巷道温度、送风湿度与温度不变时情况下，通过改变速度来模拟掘进巷道降温时，随着速度的增加，巷道的降温效果也很好，速度达到 1.7m/s 时降温最好。但通过模拟发现速度增加到较大时，其降温的效果不是很明显。

（3）通过对比不同的送风湿度与风速并分析，并考虑成本因素得到了风速 1.5m/s 与湿度 80% 的搭配最合理，其次可以考虑 1.5m/s 与湿度 100% 的搭配。

分析总结了有关矿井高温采掘面的降温问题研究发展的基础上，针对高温掘进面的射流降温问题，进行了理论分析，通过 Fluent 运用软件对对高温掘进巷道进行物理建模、网格划分，设置的风筒送风的速度、湿度的参数，并对其温度场、速度场分布特性进行了数值分析，然后通过改变送风的参数进行模拟计算与分析，在对不同送分参数的对比分析，全文取得了以下几点研究成果。

（1）在风筒送风的情况下，风流的速度沿着巷道水平方向不断衰减，当到达巷道壁面时，向各个方向散开，速度有所衰减，最终有些风流沿着壁面区域附近形成往外流的风流，有些风流与风筒的来风相遇形成湍流区。

（2）通过对掘进巷道内的速度场模拟发现，当风筒的大小、送风的温度不变时，改变送风的湿度时，其速度场的结构不会有多少改变，当改变送风的速度时，如果送风速度不是很大，其速度场的结构变化也不明显。

（3）当控制风筒的大小、出风速度、温度不变时，改变送风湿度进行模拟计算，分析得到：当在巷道环境允许的情况下，随着送风湿度的增加，巷道的降温效果也会越来越好。

（4）当控制风筒的大小、出风湿度、温度不变时，改变送风的速度进行模拟计算与分析得到，随着送风速度的增大，降温的效果也越来越好。但当速度到达一定限度后，降温效果就不是很好了。

（5）通过对比不同的送风湿度与风速分析，并考虑成本因素，得到了风速与湿度的合理搭配。

由于本人时间与水平有限，本书在很多方面还存在着许多的不足，有待进一步改进和完善。

（1）在参数选取上选择较少，只能在一定程度上反应参数变化对速度场、温度场对的影响，还可以加入更多的参数，进行全面的分析

（2）只对圆形的掘进巷道进行模拟计算分析，在模型的选取和边界条件处理上比较简单，可以更加全面的考虑其他形状的巷道。

（3）造成矿井热害的原因很多，仅考虑了围岩散热，对机电设备、风流的

自压缩、地面大气状况的影响没有分析。可以加入其他散热源的影响，得出更为合理的结论。

（4）没有考虑巷道内空气的湿度，所以对于巷道内高湿度的情况，不一定适用。

第六章　掘进工作面一送一抽双风筒降温研究

国内外已有许多学者进行了单风筒通风条件下的掘进工作面内风流的温度场的研究，但关于双风筒通风的研究较少。将以某掘进工作面采用双风筒通风降温为主要研究目的，采用上文中布置的双风筒，利用 Fluent 软件针对掘进工作面内的风流温度场进行模拟分析，改变单一变量参数，如风流入风温度、速度、含水量以及风筒的位置分布，来寻找最佳降温条件。

6.1　双风筒通风降温布置

矿物开采是非常复杂的，需要进行大量的井巷工程，因而需要进行掘进作业。掘进巷道内，通常是通过通风稀释排除爆破后产生的烟炮、矿尘以及工作面涌出的有害气体，创造出良好的井下微气候条件。

一般情况下，通风方式是将风筒布置在掘进工作面的一侧，利用风压将风流输送到作业面尾端的有限空间里，风流将冲击掘进面独头后再返回，利用空气的流动来带走热量，从而实现降温的目的。增加通风量可以显著地降低井下空气中的含热量，是一种非常有效又经济的降温措施。

现在高温深井煤矿掘进面通风降温的主要技术问题有两个：一是高温掘进面一般是长距离巷道，供风距离过长以致风筒受热面积大、供风量不足，热负荷增大，难以排出热量；二是即便采用制冷降温措施使得掘进工作面的风流温度降低，但风流在折返过程的流动中仍然要受到长距离掘进巷道的高温围岩散热作用，在巷道的大部分区域内风流仍保持高温，降温效果并不明显，对工作人员的身体健康同样也有很大的影响。因此，掘进工作面的通风降温问题首先需要解决合理供风的问题，只有选择了合适的通风方式，供给适量的风量，才有可能以最少的降温成本取得最好的降温效果。

徐州矿务局三河尖煤矿在高温掘进工作面采用双风机双风筒通风方式，不仅使工作面的风流温度下降，而且使整个新掘进巷道的风流温度都有明显的降低，有效地改善了井下工作环境，作用明显[25]。因此，在掘进工作面上进行双风筒通风布置是十分有必要的，双风筒通风降温技术布置概述如下：在掘进工作面内布置两套风筒（如图 6-1 所示），一长一短，长风筒向巷道内输入新鲜风流，风流抵达掘进头后回流，短风筒抽出工作面内的污风，带走热量达到降温的目的。

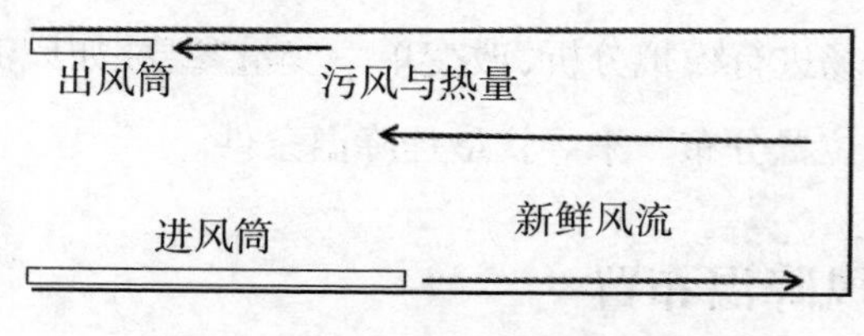

图 6-1　掘进工作面双风筒布置

本书首先详细了解了国内外矿井热害治理的现状与成果，然后在已有的基础上提出对双风筒通风下的掘进工作面内的温度场、速度场进行数值模拟。再通过高温矿井热源分析、掘进面内风流热交换的理论分析、双风筒降温技术布置，建立掘进工作面的模型，采用流体动力学软件——Fluent 进行数值模拟，并分析模拟结果，寻找掘进工作面双风筒通风降温的最佳降温效果。研究技术路线下图所示。

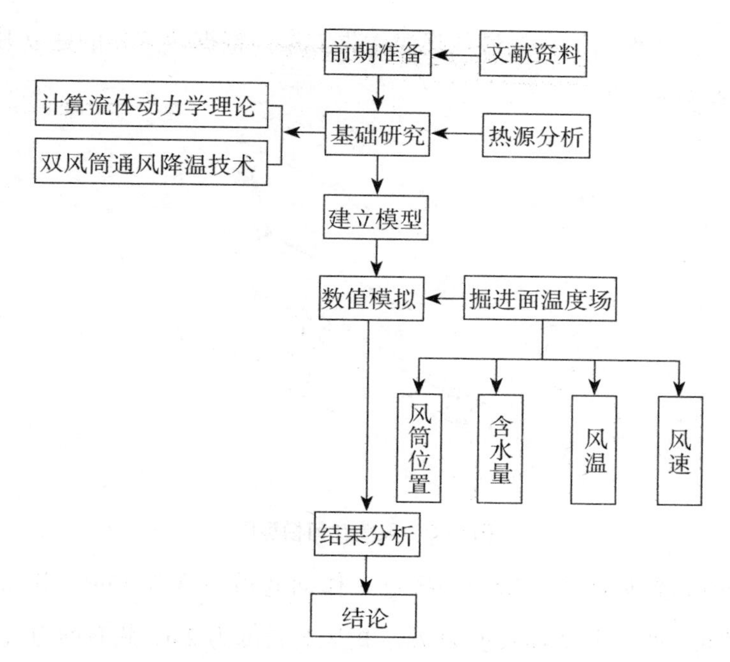

图 6-2　研究技术路线图

6.2　流场模拟求解

工程中经常会只用到数值模拟方法，建立于实际情况的基础上，再进行合理的简化，建立与研究问题相对应的数学模型，通过数学方法对问题进行处理求解。数值模拟对数学计算的要求比较高，一般需要借助计算机来解决，因此也称作计算机模拟。

对于高温矿井热害防治来说，数值模拟的优势在于不用花费大量的金钱与时间去进行实地实验，通过数值模拟很快就能够得出结论，为治理热害矿井节约了一定的时间与金钱。因此，将以数值模拟为主要手段来寻找掘进工作面内双风筒通风降温的最佳降温方案。

6.2.1　模型的建立

本书的研究目的是研究在掘进工作面内双风筒通风时，工作面内风流的温度场的分布，从理论上寻找最佳降温效果方案，根据研究目的建立几何模型，如图 4–2 所示。

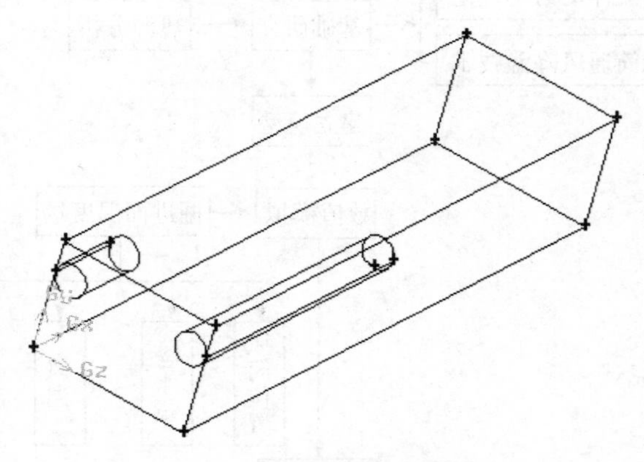

图 6–3　风筒几何模型图

双风筒布置如图 6–3 所示。掘进工作面巷道长度为 15m，截面为宽 4m，高 2.8m 的长方形。长风筒长度为 7m，短风筒长度为 2m，截面均为直径为 0.8m 的圆，风筒圆心均距地 2m。新鲜风流通过长风筒流入工作面内部，在冲击掘进面独头后返回，短风筒抽出污风，同时污风也从巷道出口流出。

本书将采用标准的$k-\varepsilon$湍流模型对掘进工作面内的温度场进行模拟计算，在建立风流热力物理模型时，做出以下假设：

①不考虑风筒内的漏风，忽略风筒的热阻；

②掘进面内空气为不可压缩气体并且符合 Boussinesq 假设；

③巷道内风流粘性具有各向同性；

④不考虑巷道围岩壁面间的热辐射；

⑤不考虑由流体的粘性力作功所引起的耗散热；

⑥壁面气密性好，不漏风，在壁面处扩散风量为 0。

6.2.2　前处理

（1）网格划分：使用 Gambit 软件进行网格划分，采用混合网格划分方式，选用不同类型的网格进行划分，在巷道壁面处、风流出入口处加密网格，并视情况添加边界层条件。网格划分如图 6–4 所示。

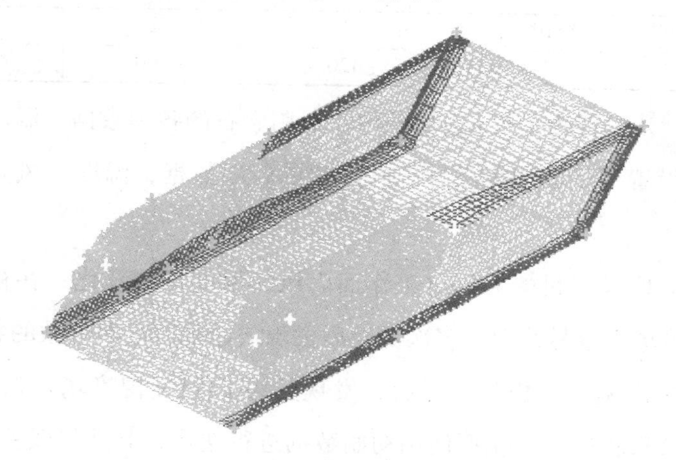

图 6–4　模型网格划分图

（2）选择求解器与计算模型：选择非耦合隐式定常流动算法，选择标准 $k-\varepsilon$湍流模型，选择能量方程，选择组分输运模型。

（3）定义材料性质：

①定义流体为 air，数值为 Fluent 数据库默认数据（见表 6–1）；

②定义固体为 aluminum，数值为 Fluent 数据库默认数据（见表 6–1）；定义壁面为岩石（见表 6–1）。

表 6–1　材料性质数据表

	密度（kg/m³）	等压比热（J/kg–K）	导热系数 [W/（m·K）]
Air（空气）	1.225	1006.43	0.0242
Aluminum（铝）	2719	871	202.4
岩石	2650	885	2.7

（4）定义边界条件为：

①风筒进口定义为 VELOCITY–INLET 边界条件，初始速度为 11m/s，初始温度为 28℃，初始相对湿度为 50%；

②巷道出口定义为 PRESSURE–OUTLET 边界条件，设置静压为 0，风筒出口定义为 PRESSURE–OUTLET 边界条件，静压的设置由多次试验后得出，具体见表 6–2；

表 6-2 静压与速度对应关系

速度（m/s）	10	11	12	13
静压（Pa）	−340	−420	−500	−580

③壁面默认设置为WALL边界条件，选用岩石的各项数据，温度设为恒温35℃；风筒设置为壁面边界条件，选用铝的各项数据，温度与风筒进风温度相同。

本书的数值模拟目的为掘进工作面内风流温度场的变化，在初期模拟过程中发现温度场不容易收敛，多次调整后发现欠松弛因子对收敛的影响较大，因此模拟时多次调节欠松弛因子后，发现其为0.1可使温度场在迭代180步左右时收敛且效果较好。对模型使用初始数据进行迭代，其迭代残差图如图6–5所示。

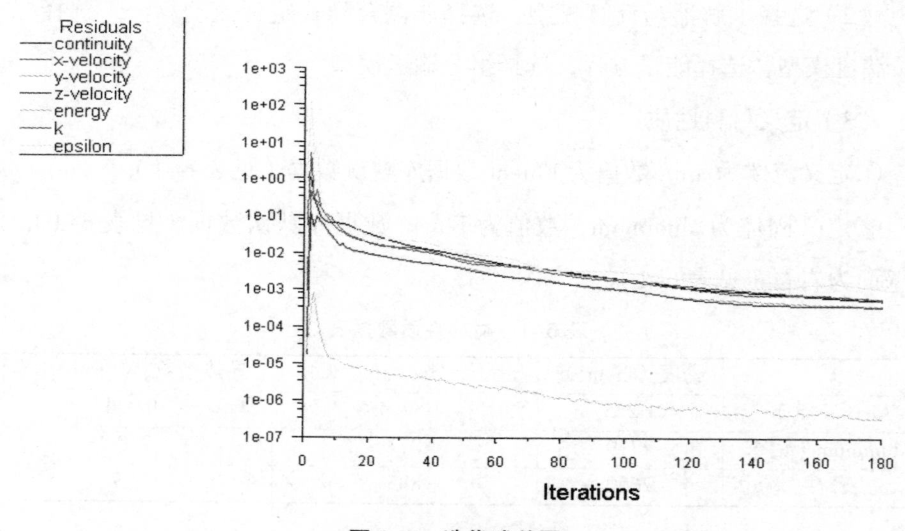

图 6–5 迭代残差图

6.3 降温前巷道风流情况

对模型在没有进行降温处理前的通风参数（T=28℃ ,v=11m/s, φ=50%）下进行求解，并做出三个不同截面，沿风筒中心线的 XZ 垂直截面（y=1.5m），沿风筒中心线的 XY 垂直截面（z=2m），YZ 垂直截面（x=8m）可得温度云图；选取巷道中轴线可得其温度曲线图。

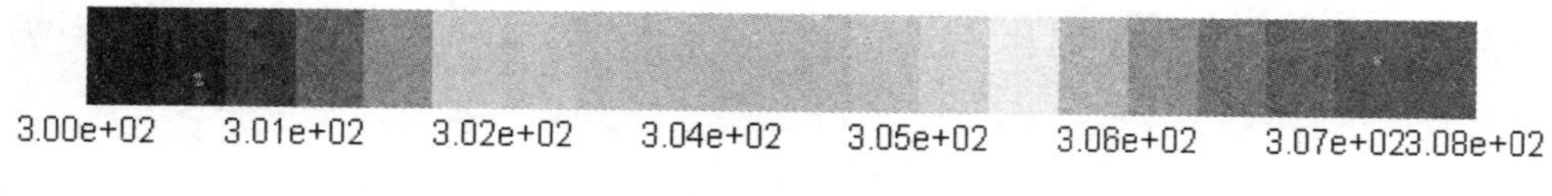

温度标尺

A：y=1.5m 截面

B：z=2m 截面

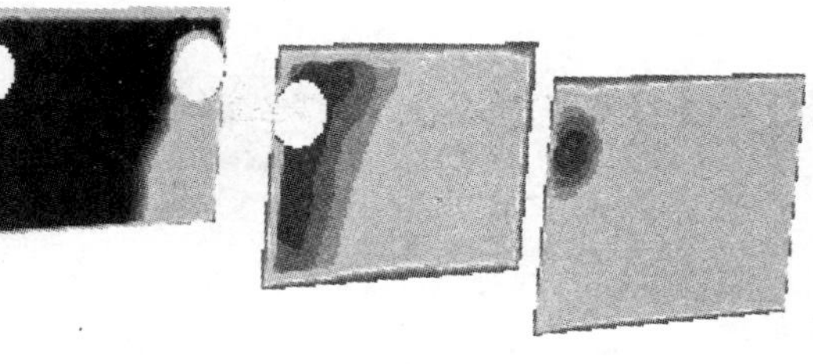
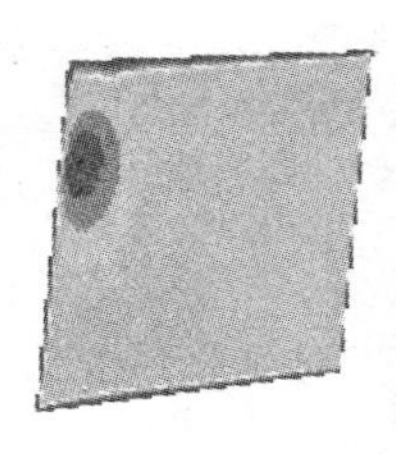

C：x=0m,x=4.5m,x=8m,x=12m,x=14.9m 截面

图 6–6　未降温前参数下的温度云图

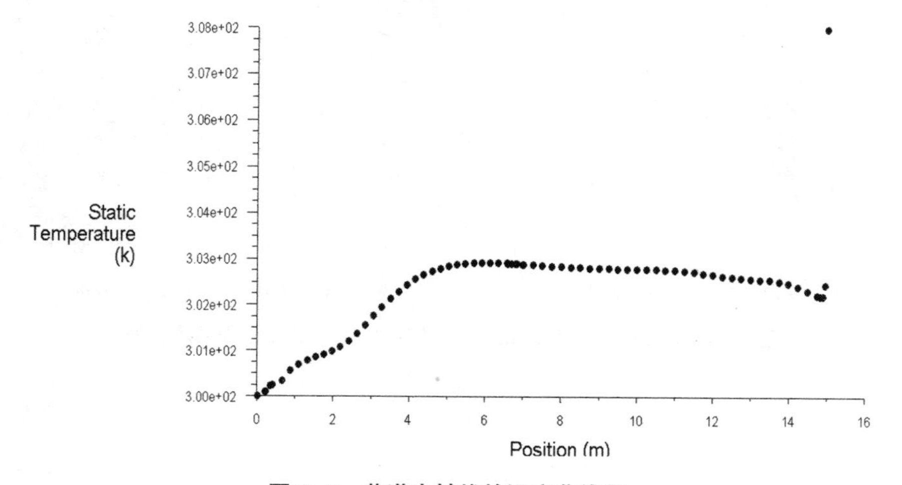

图 6–7　巷道中轴线的温度曲线图

由上图可知：在未进行通风降温时，掘进工作面内风流的温度在 27.4 ～ 31℃，掘进迎头处的风温在 29.1 ～ 29.7℃，仍高于《煤矿安全规程》规定的 26℃。

6.4 风温变化对风流温度场的影响

现在只改变通入风流的温度，其他初始条件不变，即入风速度仍为 11m/s，相对湿度为 50%，将入口风温改为 T=8℃、T=10℃、T=12℃以及 T=14℃，建立截面在 y=1.5m 的沿风筒中心线的 XZ 垂直截面，Z=2m 的沿风筒中心线的 XY 垂直截面，X=0m,4.5m,8m,12m,14.9m 等处的 YZ 垂直截面可得温度云图；选取巷道中轴线可得其温度曲线图。

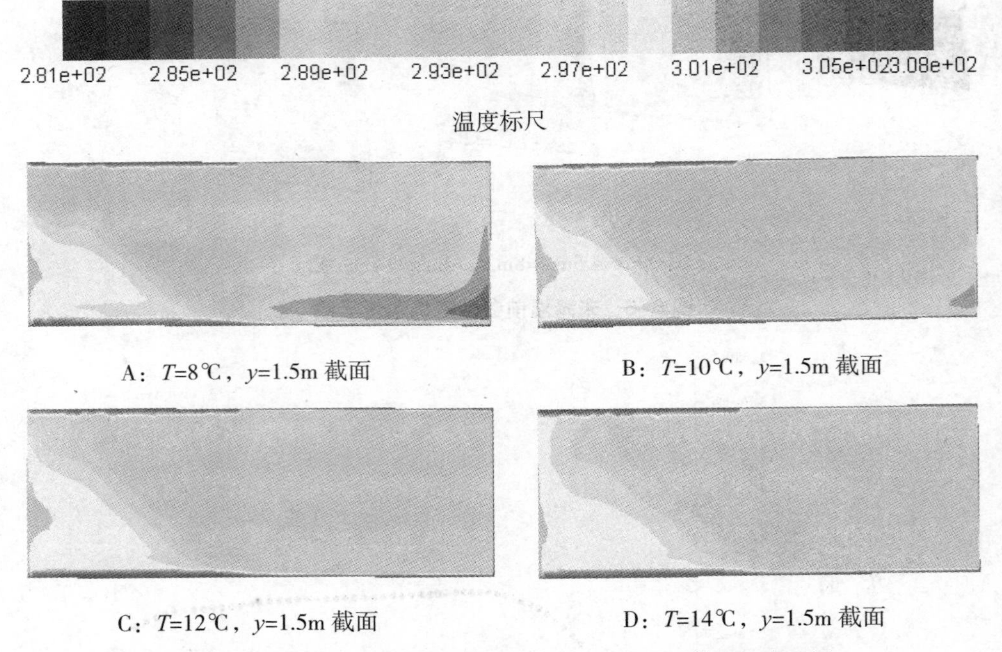

A：T=8℃，y=1.5m 截面

B：T=10℃，y=1.5m 截面

C：T=12℃，y=1.5m 截面

D：T=14℃，y=1.5m 截面

图 6–8 T=8℃、10℃、12℃、14℃时，y=1.5m 截面温度云图

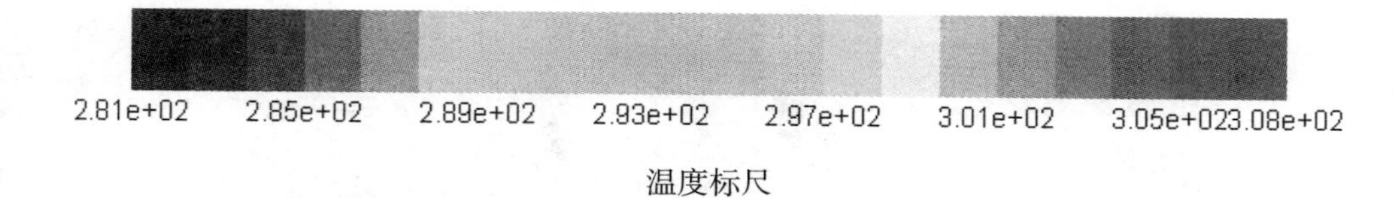

温度标尺

A：T=8℃，z=2m 截面

B：T=10℃，z=2m 截面

C：T=12℃，z=2m 截面

D：T=14℃，z=2m 截面

图 6–9　T=8℃、10℃、12℃、14℃时，z=2m 截面温度云图

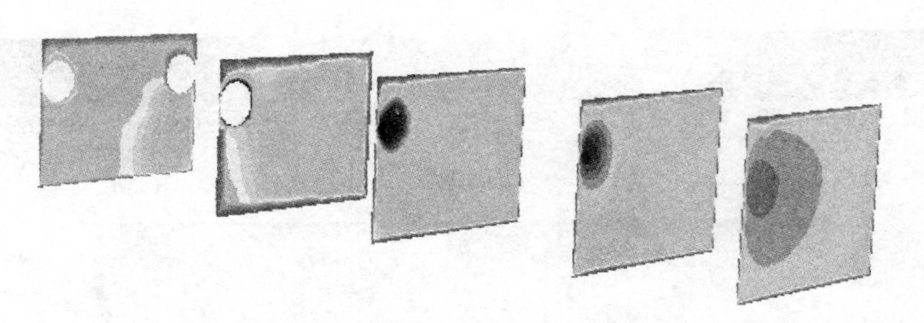

A：T=8℃，x=0m，x=4.5m，x=8m，x=12m，x=14.9m 截面

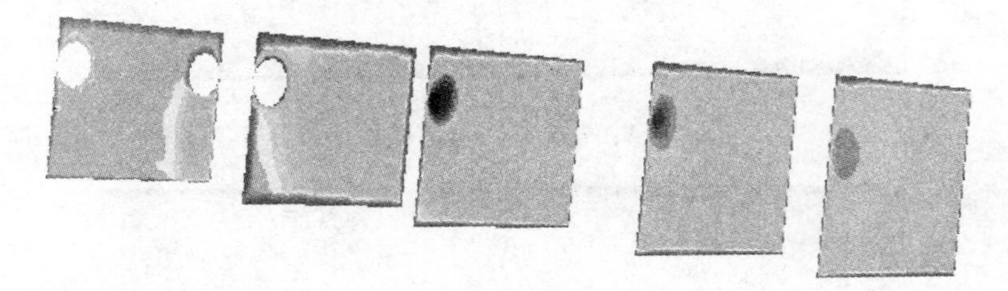

B：T=10℃，x=0m，x=4.5m，x=8m，x=12m，x=14.9m 截面

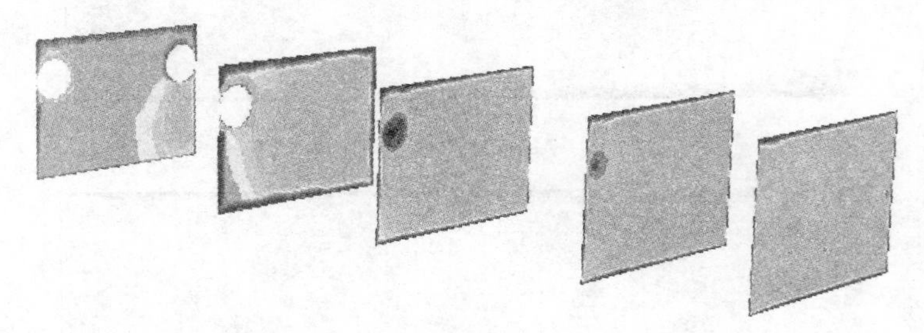

C：T=12℃，x=0m，x=4.5m，x=8m，x=12m，x=14.9m 截面

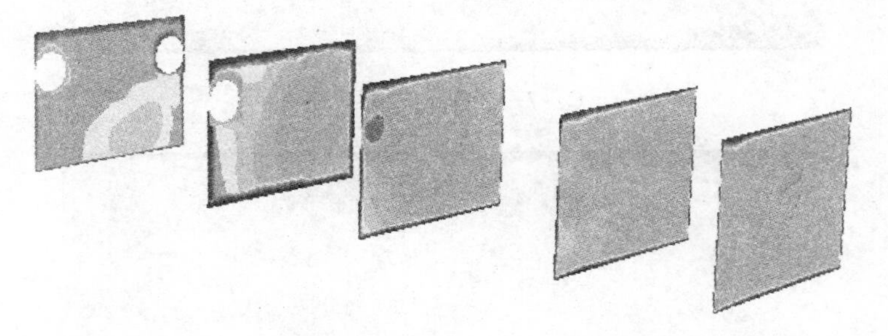

D：T=14℃，x=0m，x=4.5m，x=8m，x=12m，x=14.9m 截面

图 6-10　T=8℃、10℃、12℃、14℃时，x=0m，x=4.5m，x=8m，x=12m，x=14.9m 截面温度云图

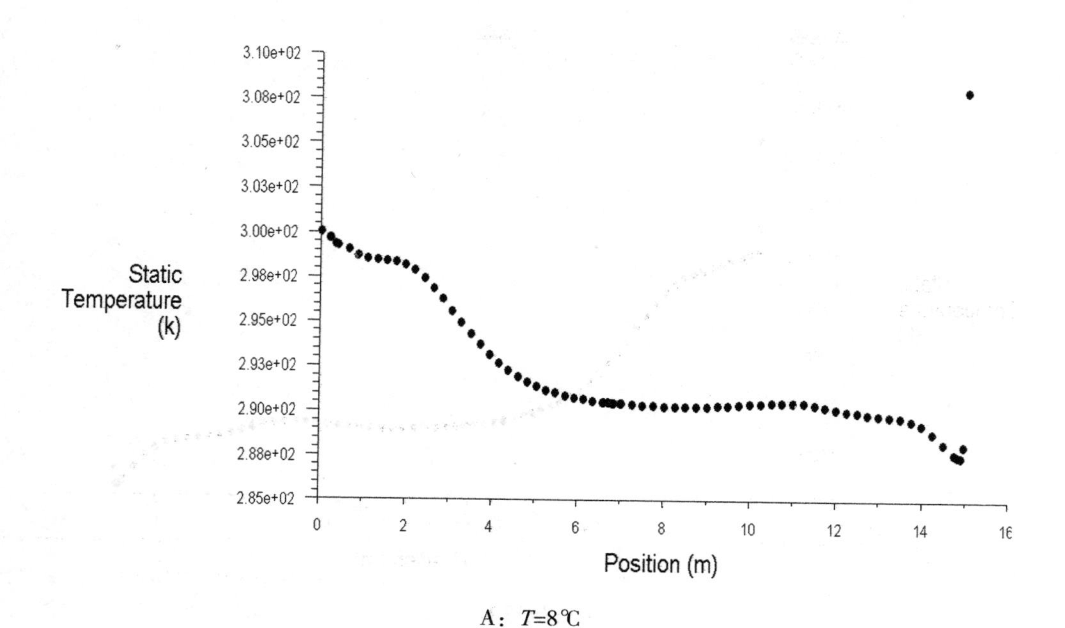

A：T=8℃

图 6-11（A） T=8℃、10℃、12℃、14℃时，巷道中轴线的温度曲线图

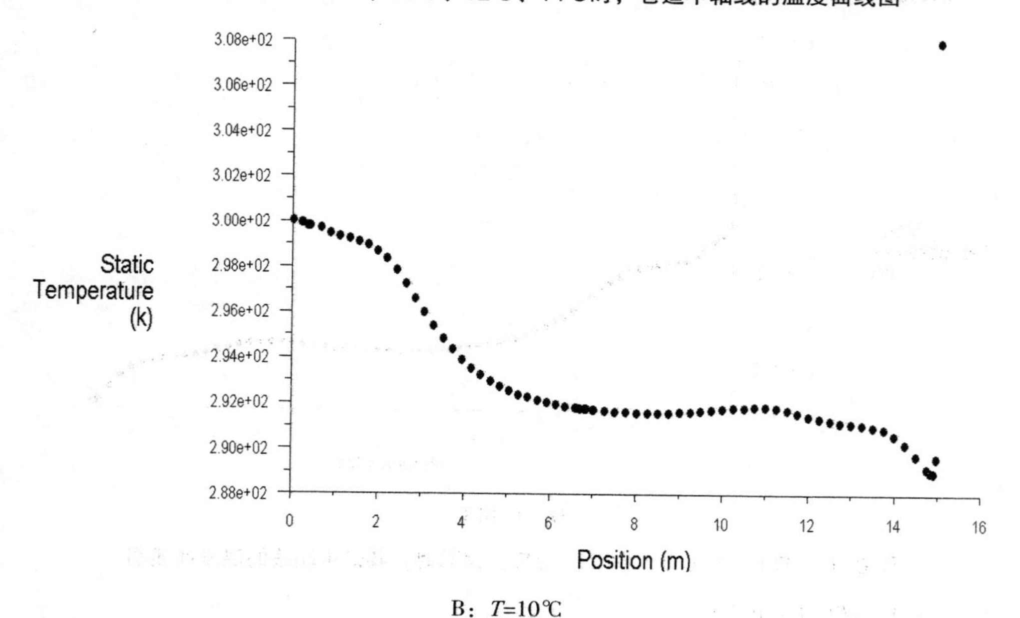

B：T=10℃

图 6-11（B） T=8℃、10℃、12℃、14℃时，巷道中轴线的温度曲线图

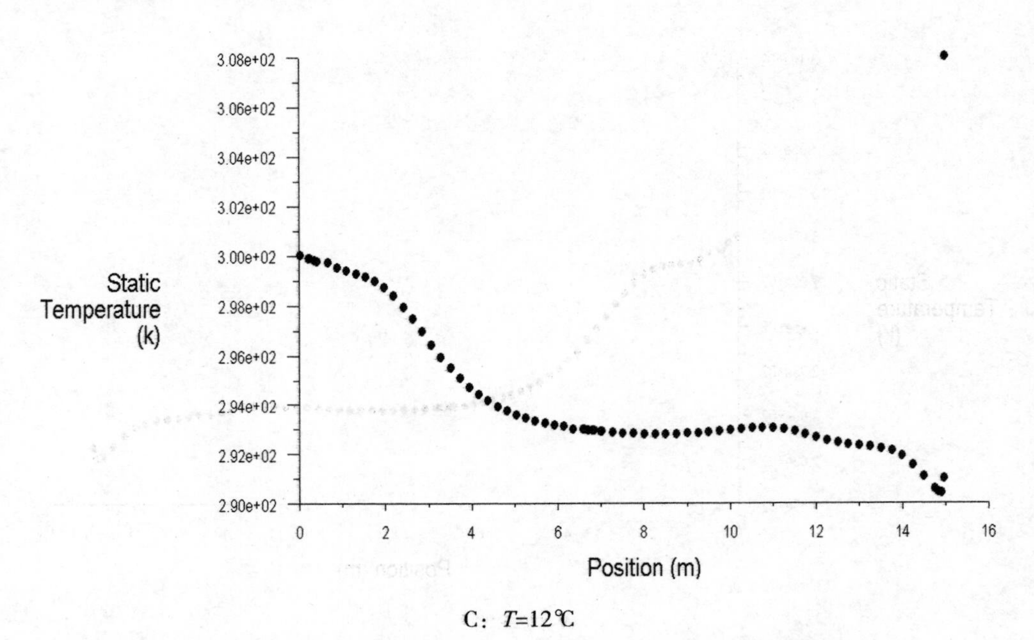

C：T=12℃

图 6-11（C） T=8℃、10℃、12℃、14℃时，巷道中轴线的温度曲线图

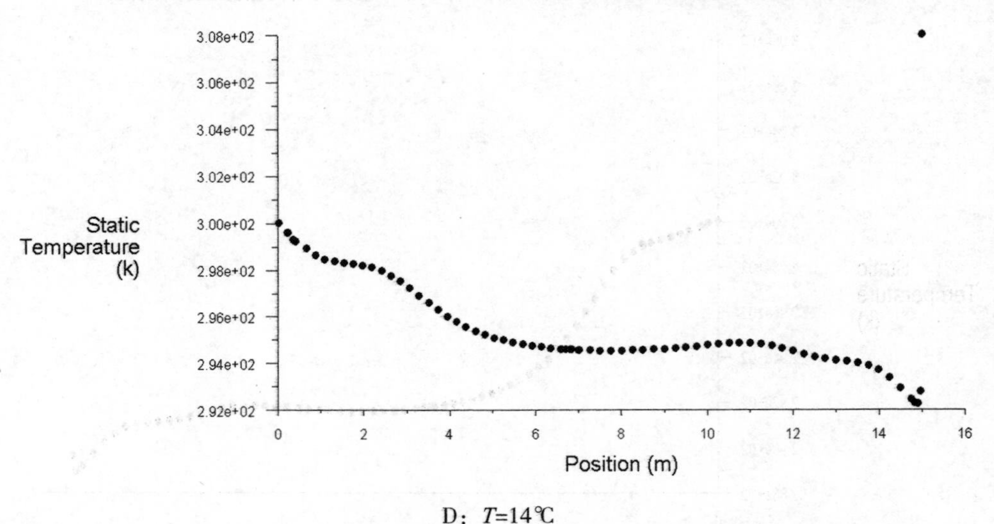

D：T=14℃

图 6-11（D） T=8℃、10℃、12℃、14℃时，巷道中轴线的温度曲线图

由上图做对比可知：

当入口风流的温度为 8℃时，掘进工作面内的温度在 9.35 ～ 26.89℃，巷道入口处的温度高达 26.89℃，远远高于迎头处，并且离掘进迎头处越远，温

度越高；迎头处的温度为 13.41 ～ 16.10℃，离风筒越远温度越高。

当入口风流的温度为 10℃时，掘进工作面内的温度在 11.25 ～ 26.80℃，巷道入口处的温度高达 26.80℃，远远高于迎头处，并且离掘进迎头处越远，温度越高；迎头处的温度为 15.00 ～ 17.50℃，离风筒越远温度越高。

当入口风流的温度为 12℃时，掘进工作面内的温度在 13.15 ～ 26.71℃，巷道入口处的温度为 26.71℃，远远高于迎头处，并且离掘进迎头处越远，温度越高；迎头处的温度为 16.60 ～ 18.89℃，离风筒越远温度越高。

当入口风流的温度为 14℃时，掘进工作面内的温度在 15.05 ～ 26.60℃，巷道入口处的温度为 26.60℃，远远高于迎头处，并且离掘进迎头处越远，温度越高，迎头处的温度为 18.20 ～ 20.29℃，离风筒越远温度越高。

综上所述，由长风筒通入的风流温度越低时，掘进工作面内的风流温度越低，工人工作的掘进迎头处的风流温度也越低，越有利于工人的工作，但巷道入口处与掘进迎头处的温差也越大。当进风温度低于 10℃时，掘进工作面内的温差达到了 17℃之大，巷道入口的温度高于《煤矿安全规程》规定的 26℃；而进风温度在 12 ～ 14℃时，巷道温差在 11℃左右。而进风温度为 12℃时，工作面内的温度低于进风温度为 14℃时，更利于工人的作业，因此，可将风筒通入的新鲜风流的温度设为 12℃。

6.5　风速变化对风流温度场的影响

改变模型的参数，将入风速度分别改为 10m/s、11m/s、12m/s、13m/s，而其他参数中，根据 6.4 的结论将风流温度设定为 12℃，相对湿度保持不变为 50%。建立截面在 y=1.5m 的沿风筒中心线的 XZ 垂直截面，Z=2m 的沿风筒中心线的 XY 垂直截面，X=0m，4.5m，8m，12m，14.9m 等处的 YZ 垂直截面可得温度云图；选取巷道中轴线可得其温度曲线图。

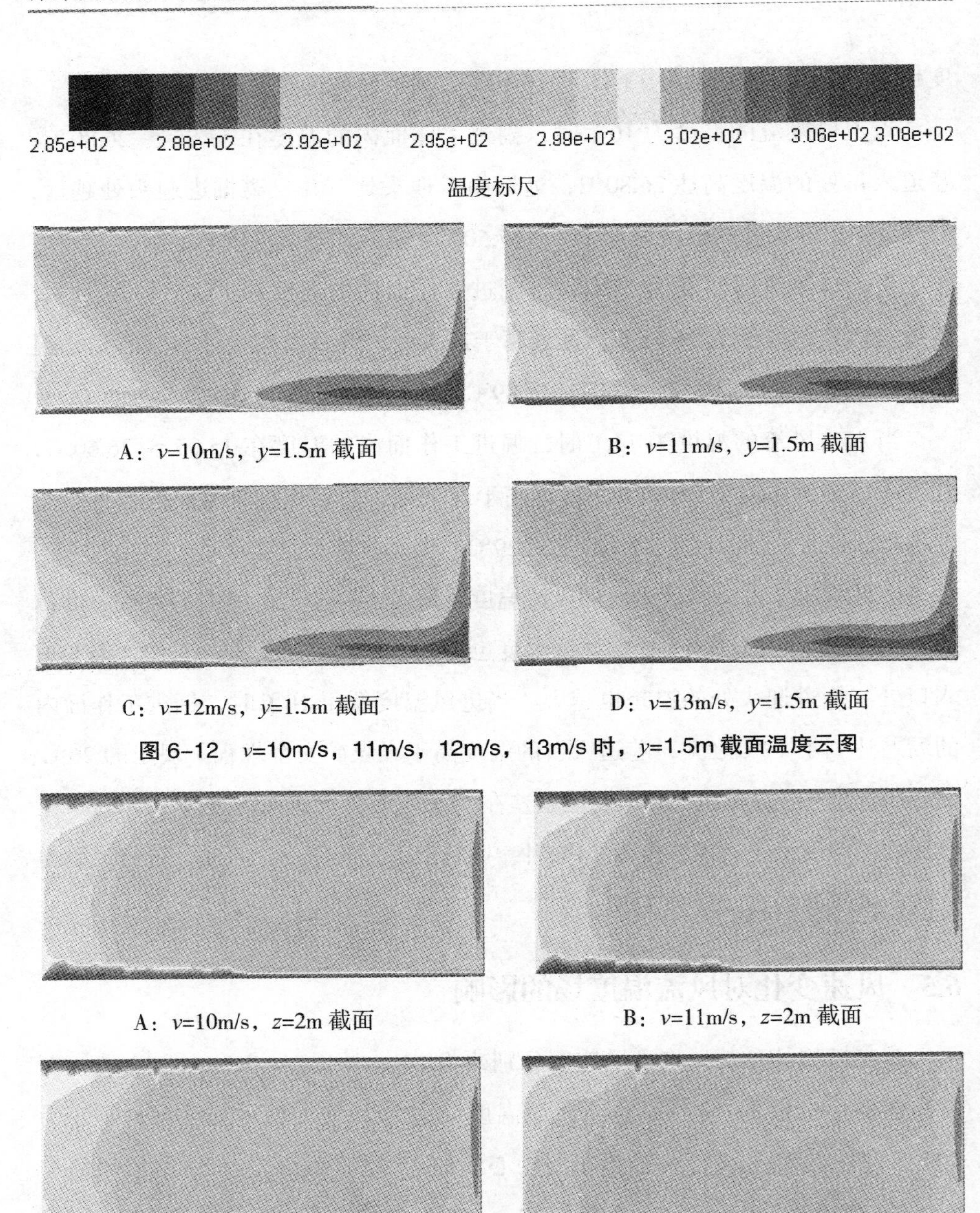

A：v=10m/s，y=1.5m 截面　　B：v=11m/s，y=1.5m 截面

C：v=12m/s，y=1.5m 截面　　D：v=13m/s，y=1.5m 截面

图 6-12　v=10m/s，11m/s，12m/s，13m/s 时，y=1.5m 截面温度云图

A：v=10m/s，z=2m 截面　　B：v=11m/s，z=2m 截面

C：v=12m/s，z=2m 截面　　D：v=13m/s，z=2m 截面

图 6-13　v=10m/s，11m/s，12m/s，13m/s 时，z=2m 截面温度云图

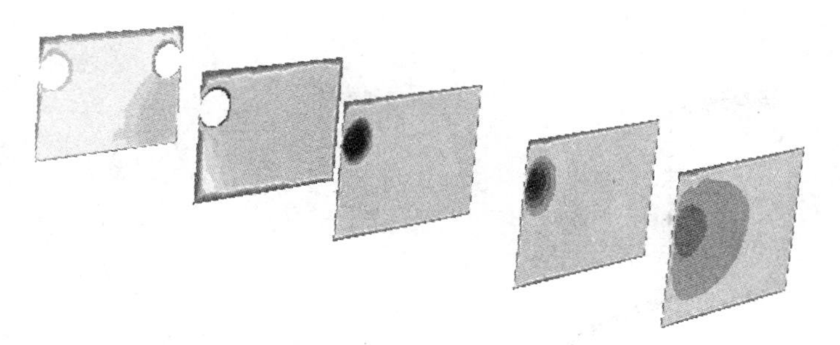

A：v=10m/s，x=0m，x=4.5m，x=8m，x=12m，x=14.9m 截面

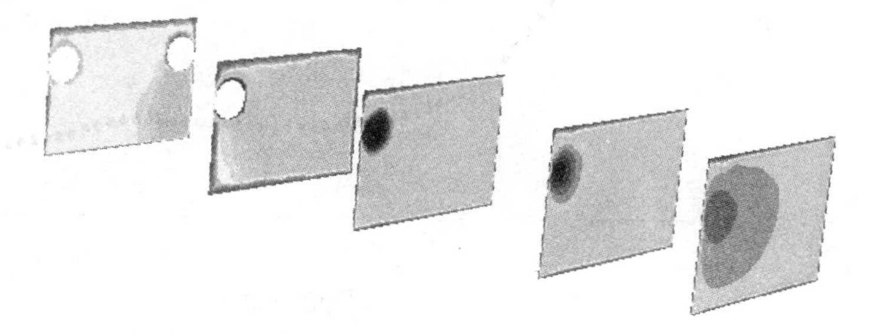

B：v=11m/s，x=0m，x=4.5m，x=8m，x=12m，x=14.9m 截面

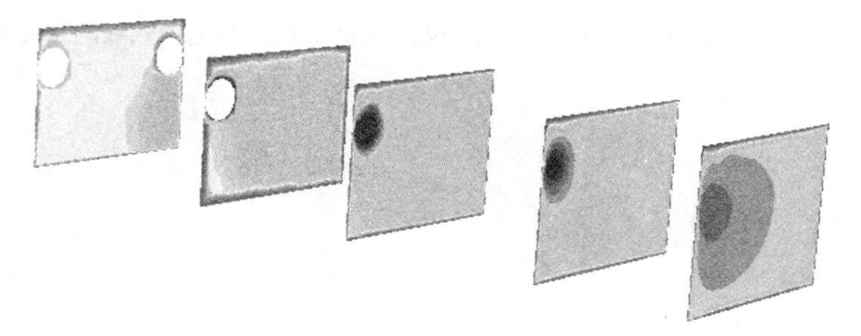

C：v=12m/s，x=0m，x=4.5m，x=8m，x=12m，x=14.9m 截面

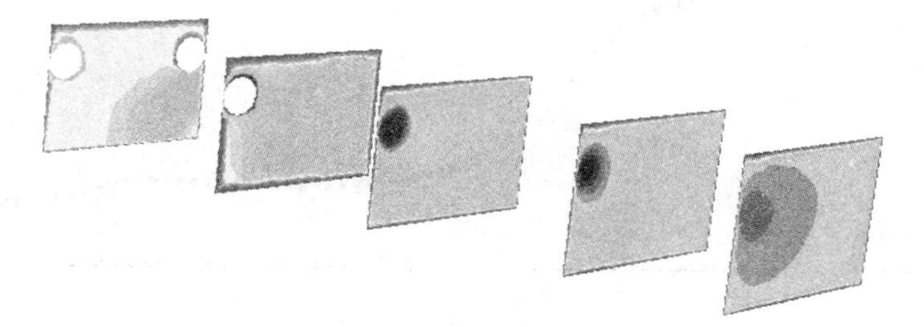

D：v=13m/s，x=0m，x=4.5m，x=8m，x=12m，x=14.9m 截面

图 6–14　v=10m/s，11m/s，12m/s，13m/s 时，x=0m，4.5m，8m，12m，14.9m 截面温度云图

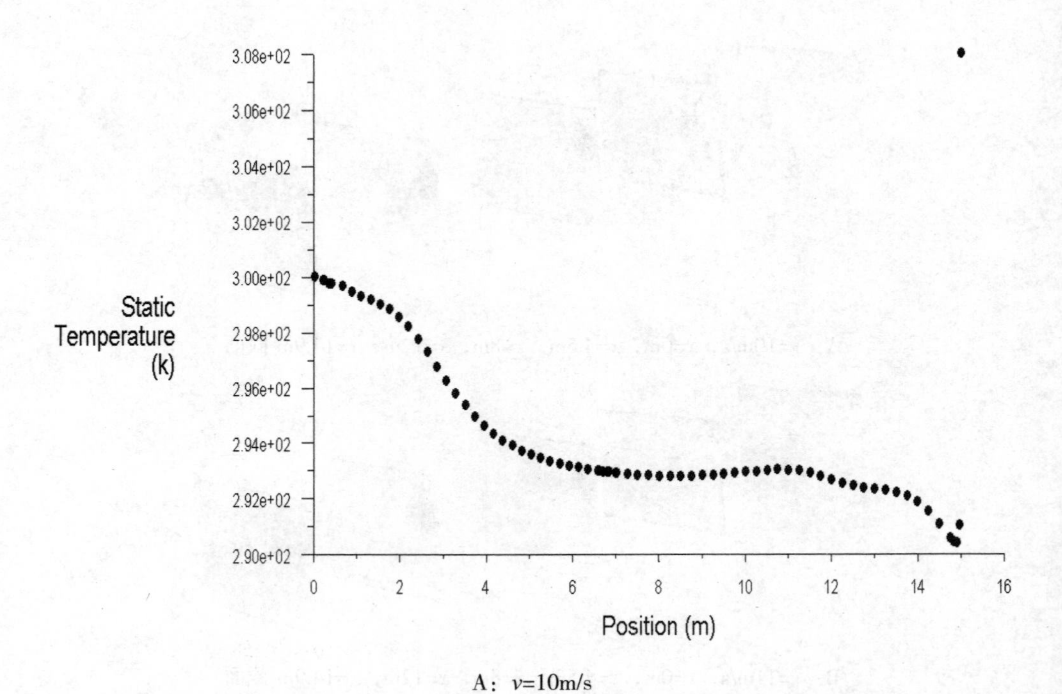

A：v=10m/s

图 6-15（A） v=10m/s，11m/s，12m/s，13m/s 时，巷道中轴线的温度曲线图

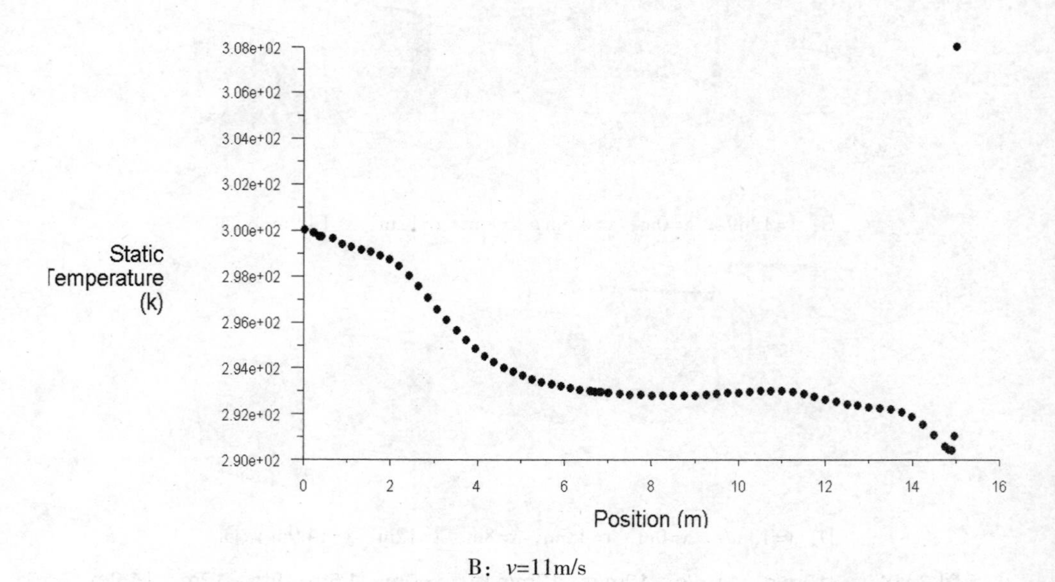

B：v=11m/s

图 6-15（B） v=10m/s，11m/s，12m/s，13m/s 时，巷道中轴线的温度曲线图

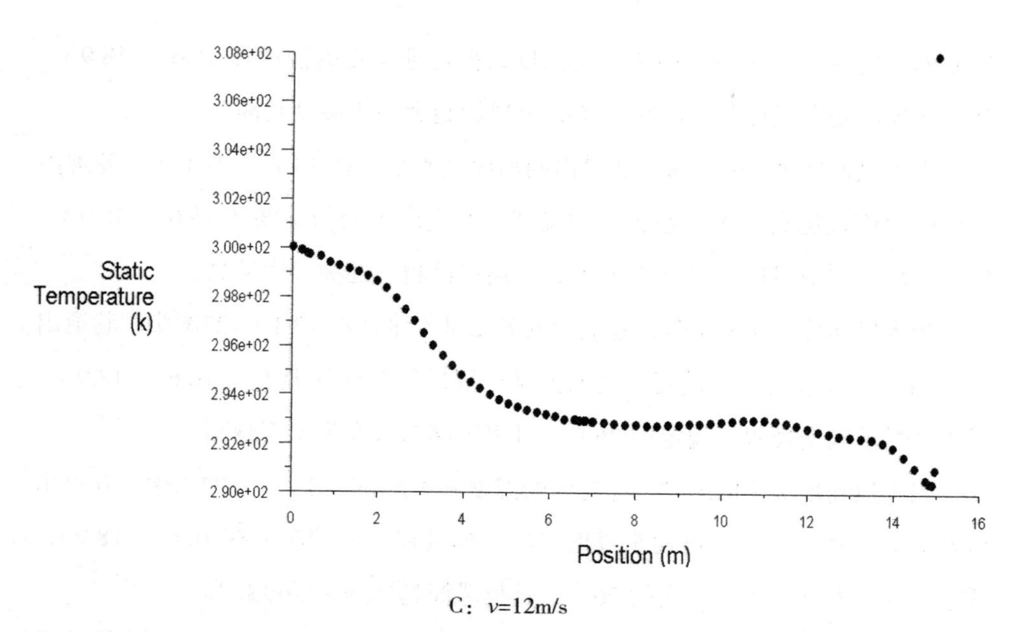

C：v=12m/s

图 6-15（C）　v=10m/s，11m/s，12m/s，13m/s 时，巷道中轴线的温度曲线图

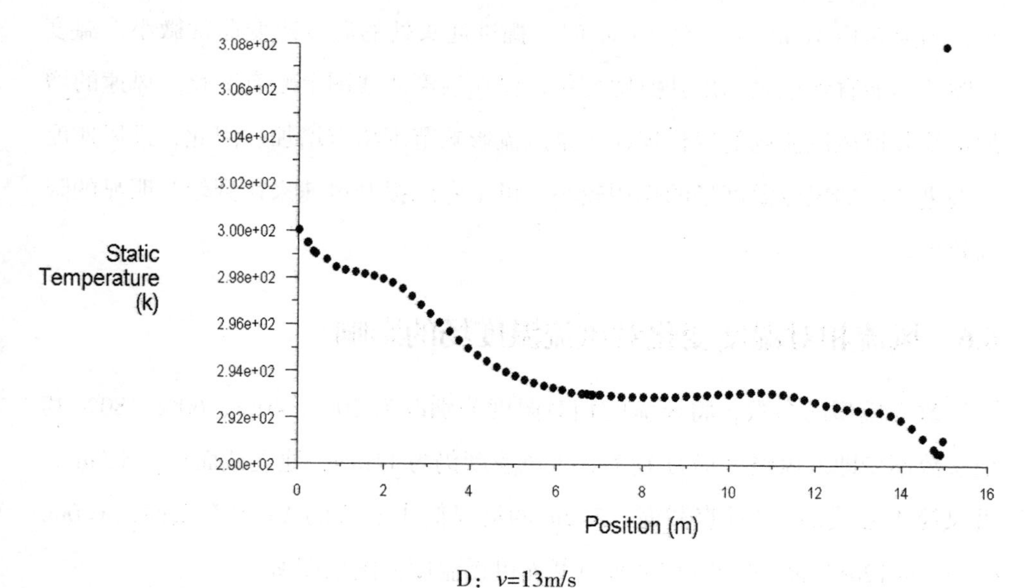

D：v=13m/s

图 6-15（D）　v=10m/s，11m/s，12m/s，13m/s 时，巷道中轴线的温度曲线图

由上图可知：

当入风速度为 10m/s 时，巷道内的温度基本维持在 13.1 ～ 27℃，巷道出口处的温度远远高于掘进迎头处的温度，掘进迎头处的温度在 16.6 ～ 18.9℃，低于《煤矿安全规程》规定的 26℃，离风筒越远迎头温度越高。

当入风速度为 11m/s 时，巷道内的温度基本维持在 13.1 ～ 27℃中，巷道出口处的温度远远高于掘进迎头处的温度，掘进迎头处的温度在 16.6 ～ 18.9℃，低于《煤矿安全规程》规定的 26℃，且离风筒越远迎头温度越高。

当入风速度为 12m/s 时，巷道内的温度基本维持在 13.1 ～ 27℃中，巷道出口处的温度远远高于掘进迎头处的温度，掘进迎头处的温度在 16.6 ～ 18.9℃，低于《煤矿安全规程》规定的 26℃，且离风筒越远迎头温度越高。

当入风速度为 13m/s 时，巷道内的温度基本维持在 13.1 ～ 27℃中，巷道出口处的温度远远高于掘进迎头处的温度，掘进迎头处的温度在 16.6 ～ 18.9℃，低于《煤矿安全规程》规定的 26℃，且离风筒越远迎头温度越高。

综上所述，风筒送入新鲜风流的风速的大小对掘进工作面内的温度影响较小，当风速由 10m/s 提升到 13m/s 时，掘进迎头处的温度改变非常微小，温度云图并不能直观地表示出其温度变化，仅在温度曲线图上略有变化。风速的增加带给巷道风流流场的变化仅在于是风流影响范围略有增加。因此，进风速度对掘进面内的风流温度场的作用较小，可不考虑提升风速来达到较为明显的降温效果。

6.6 风流相对湿度变化对风流温度场的影响

改变模型的参数，将风流的相对湿度分别改为 20%、40%、60%、80% 其他参数不变即入风温度仍为 12℃，入风速度仍为 11m/s，建立截面在 y=1.5m 的沿风筒中心线的 XZ 垂直截面，Z=2m 的沿风筒中心线的 XY 垂直截面，X=0m, 4.5m, 8m,12m,14.9m 等处的 YZ 垂直截面可得温度云图如图所示。

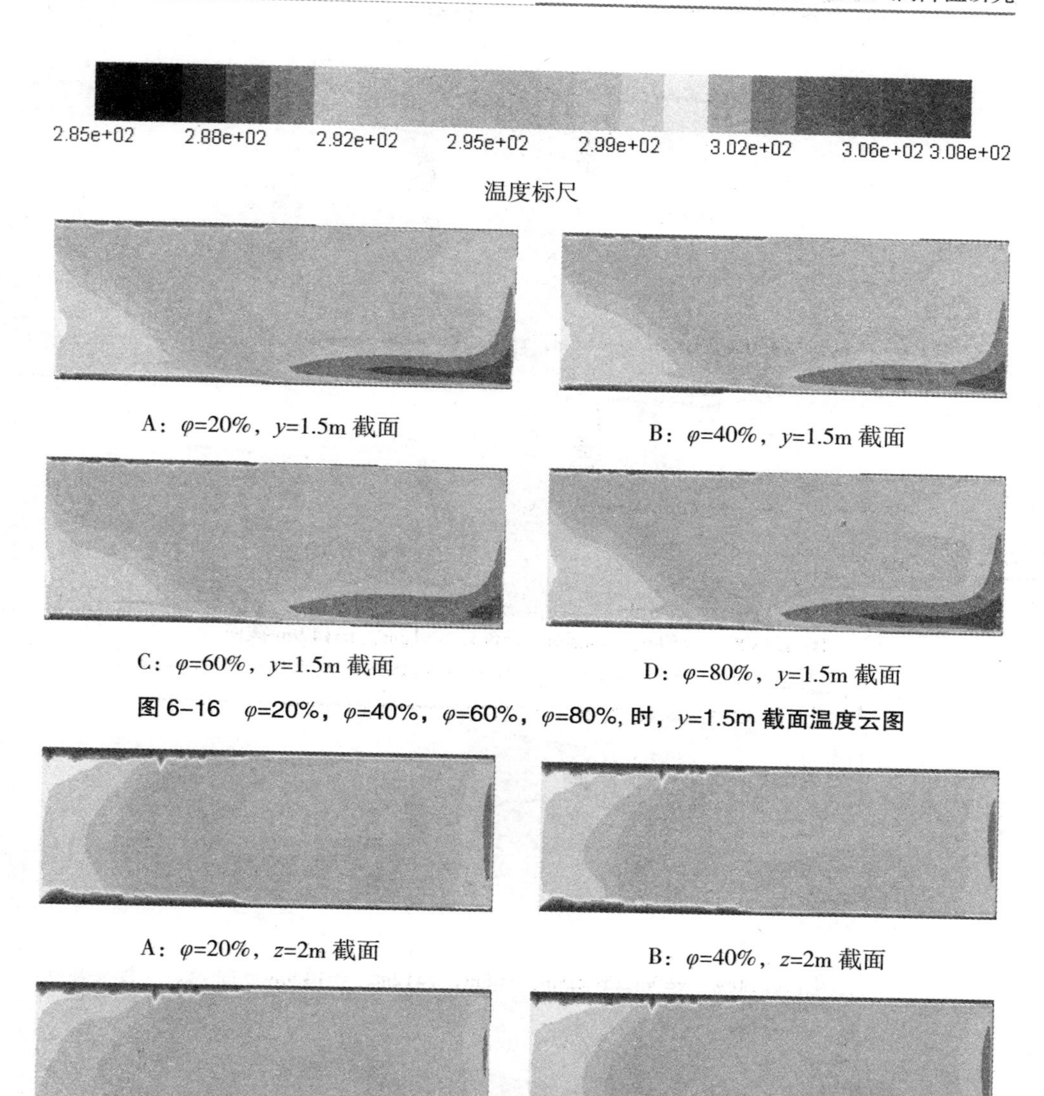

A：φ=20%，y=1.5m 截面

B：φ=40%，y=1.5m 截面

C：φ=60%，y=1.5m 截面

D：φ=80%，y=1.5m 截面

图 6–16 φ=20%，φ=40%，φ=60%，φ=80%, 时，y=1.5m 截面温度云图

A：φ=20%，z=2m 截面

B：φ=40%，z=2m 截面

C：φ=60%，z=2m 截面

D：φ=80%，z=2m 截面

图 6–17 φ=20%，φ=40%，φ=60%，φ=80% 时，z=2m 截面温度云图

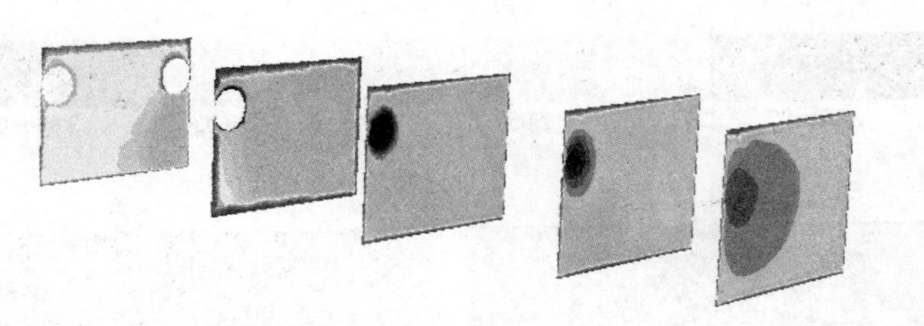

A：φ=20%，x=0m，x=4.5m，x=8m，x=12m，x=14.9m 截面

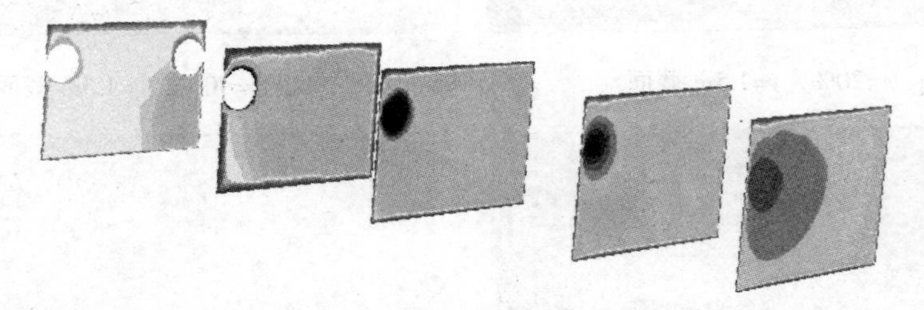

B：φ=40%，x=0m，x=4.5m，x=8m，x=12m，x=14.9m 截面

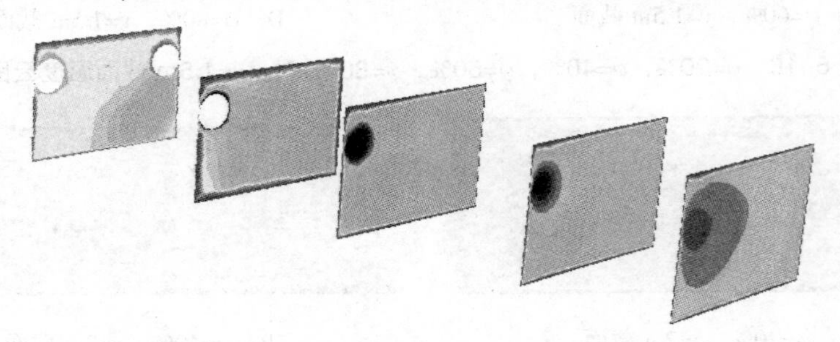

C：φ=60%，x=0m，x=4.5m，x=8m，x=12m，x=14.9m 截面

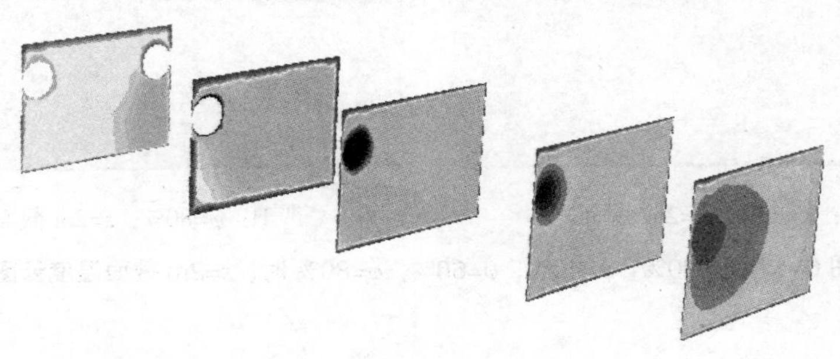

D：φ=80%，x=0m，x=4.5m，x=8m，x=12m，x=14.9m 截面

图 6–18　φ=20%，φ=40%，φ=60%，φ=80% 时，x=0m，x=4.5m，x=8m，x=12m，x=14.9m 截面温度云图

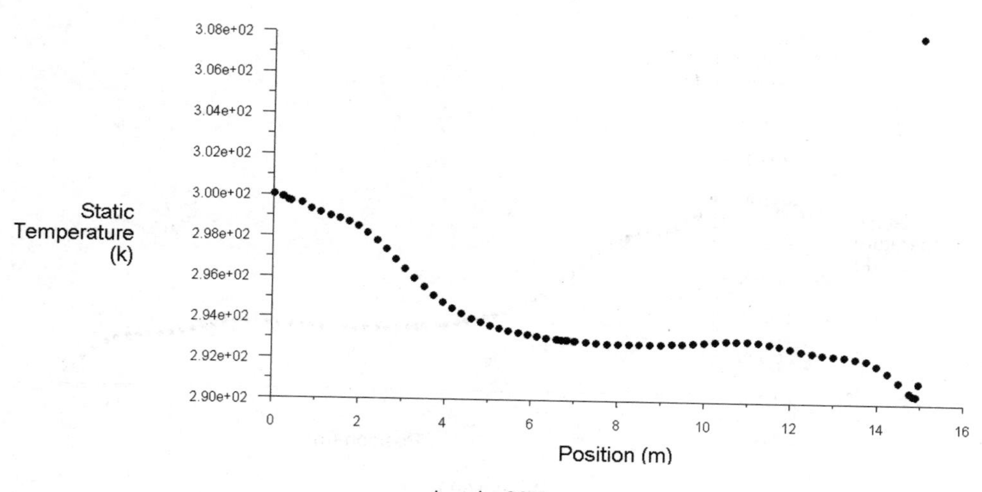

A：ϕ=20%

图 6-19（A）　φ=20%，φ=40%，φ=60%，φ=80% 时，巷道中轴线的温度曲线图

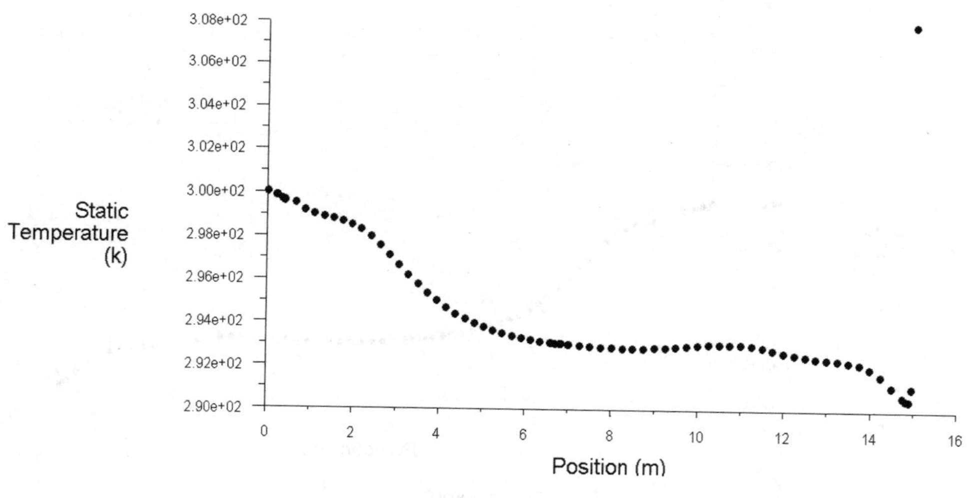

B：ϕ=40%

图 6-19（B）　φ=20%，φ=40%，φ=60%，φ=80% 时，巷道中轴线的温度曲线图

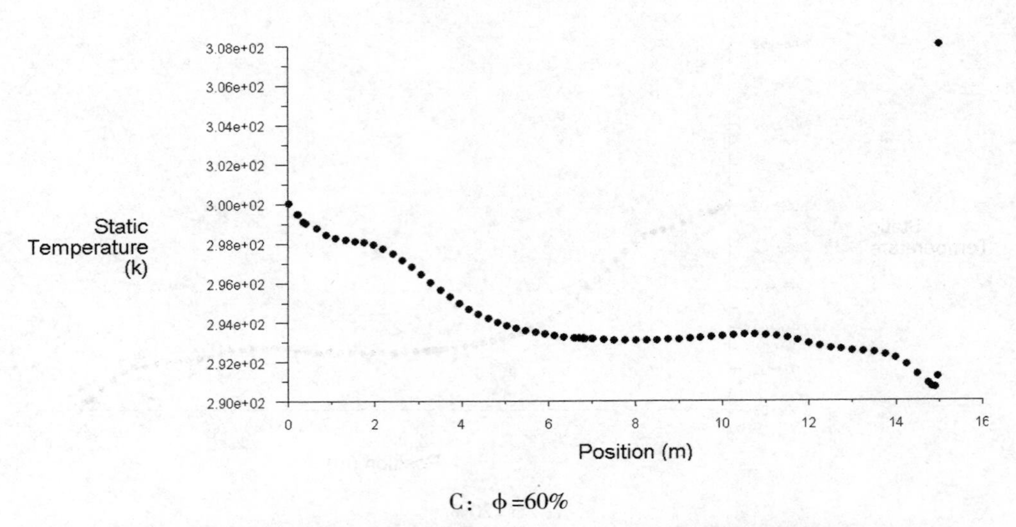

C：ϕ=60%

图 6–19（C） φ=20%，φ=40%，φ=60%，φ=80% 时，巷道中轴线的温度曲线图

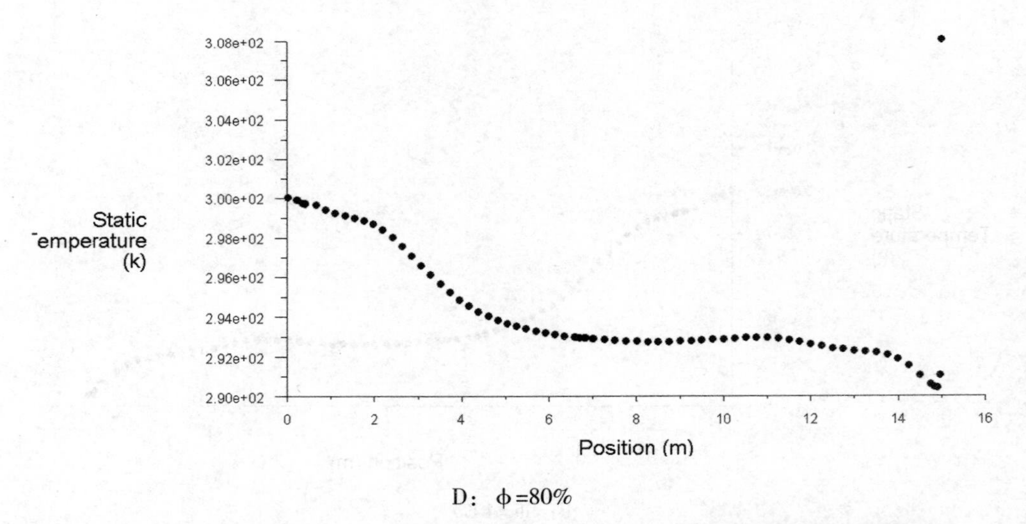

D：ϕ=80%

图 6–19（D） φ=20%，φ=40%，φ=60%，φ=80% 时，巷道中轴线的温度曲线图

由上图可知：

当送入新鲜风流的相对湿度为 20% 时，巷道内的温度基本维持在 13.1 ～ 27℃中，巷道出口处的温度远远高于掘进迎头处的温度，掘进迎头处的温度在 16.6 ～ 18.9℃，低于《煤矿安全规程》规定的 26℃，离风筒越远迎头温度越高。

当送入新鲜风流的相对湿度为 40% 时，巷道内的温度基本维持在 13.1 ～

27℃中，巷道出口处的温度远远高于掘进迎头处的温度，掘进迎头处的温度在16.6～18.9℃，低于《煤矿安全规程》规定的26℃，离风筒越远迎头温度越高。

当送入新鲜风流的相对湿度为60%时，巷道内的温度基本维持在13.1～27℃中，巷道出口处的温度远远高于掘进迎头处的温度，掘进迎头处的温度在16.6～18.9℃，低于《煤矿安全规程》规定的26℃，离风筒越远迎头温度越高。

当送入新鲜风流的相对湿度为80%时，巷道内的温度基本维持在13.1～27℃中，巷道出口处的温度远远高于掘进迎头处的温度，掘进迎头处的温度在16.6～18.9℃，低于《煤矿安全规程》规定的26℃，离风筒越远迎头温度越高。

综上所述：风筒送入工作内的新鲜风流的相对湿度对掘进工作面的降温影响不明显，相对湿度从20%到80%时巷道内风流的温度、掘进迎头处的温度改变非常微小，温度云图并不能直观地表示出其温度的变化，仅在温度曲线图上略有变化，其次是风流影响范围略有变化。因此，送入风流的相对湿度对掘进面内的风流温度场的作用较小，可不考虑改变相对湿度来达到较为明显的降温效果。

通过改变风筒送入风流的温度、速度以及相对湿度，在进行数值模拟后可以发现，在这三种参数中，只有进风温度的变化对掘进工作面内降温的影响最为明显，而进风速度与进风风流的相对湿度的影响都非常小，因此，可选择改变风流温度来使掘进工作面降温许可范围内。根据数值模拟的结果，进风风流温度为12℃、速度为11m/s、相对湿度为50%时，降温效果明显且工作面内的温度基本都处于《煤矿安全规程》规定的26℃以内，适合工人安全高效作业。

通过对掘进工作面双风筒通风降温布置进行数值模拟，在改变单一变量——入风温度、入风速度以及送入风流的相对湿度后，观察工作面内风流温度场的变化，来寻找最佳降温方式。最后得出结论：根据数值模拟的结果，进风风流温度为12℃、速度为11m/s、相对湿度为50%时，降温效果明显且工作面内的温度基本都处于《煤矿安全规程》规定的26℃以内，适合工人安全高效作业。

第七章　掘进面双风筒送风降温研究

7.1　模型的建立

现考虑另一种掘进工作面双风筒通风降温技术布置：在掘进面内布置两套风筒（如图 7–1 所示），两套风筒均可直达掘进工作面，送入新鲜风流，风流抵达掘进头后回流，带走热量以达到降温的目的。

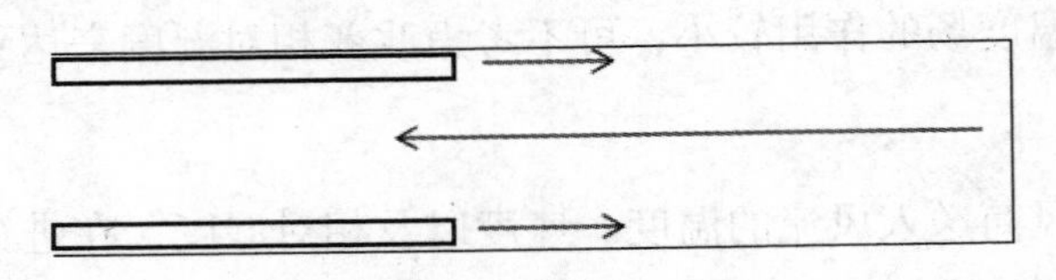

图 7–1　双风筒均送风的通风布置

根据研究目的建立几何模型，如图 7–2 所示。

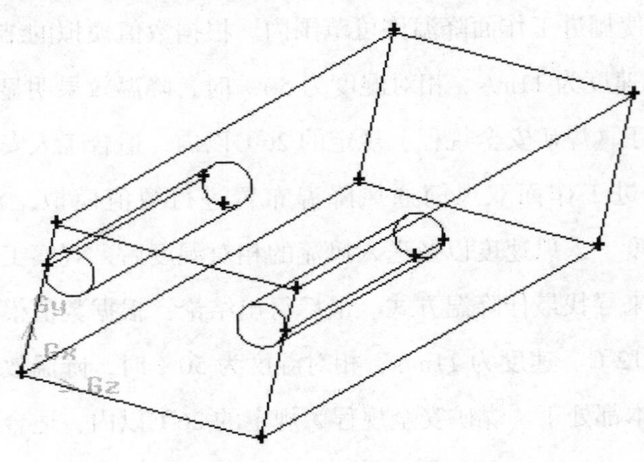

图 7–2　风筒位于巷道顶部

掘进工作面巷道长度为 15m，截面为宽 4m，高 2.8m 的长方形。风筒长度均为 7m，截面为直径为 0.8m 的圆，风筒圆心距地 2m。风流通过双风筒流入工作面内部，在冲击掘进面迎头后返回，由巷道出口流出。

本书将采用标准的$k-\varepsilon$湍流模型对掘进工作面内的温度场进行模拟计算，在建立风流热力物理模型时，做出以下假设。

①不考虑风筒内的漏风，不考虑风筒的热阻；

②掘进面内空气为不可压缩气体并且符合 Boussinesq 假设；

③巷道内风流粘性具有各向同性；

④不考虑巷道围岩壁面间的热辐射；

⑤不考虑由流体的粘性力作功所引起的耗散热；

⑥壁面气密性好，不漏风，在壁面处扩散风量为 0。

（1)网格划分：使用 Gambit 软件进行网格划分，采用混合网格划分方式，选用不同类型的网格进行划分，在巷道壁面处、风流出入口处加密网格。网格划分如图 7–3 所示。

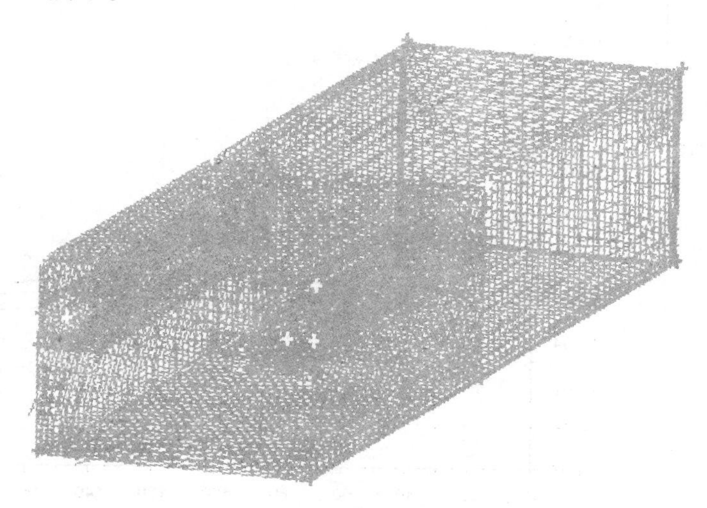

图 7–3　模型网格划分图

（2）选择求解器与计算模型：选择非耦合隐式定常流动算法，选择标准$k-\varepsilon$湍流模型，选择能量方程，选择组分输运模型。

（3）定义材料性质：

①定义流体为 air，数值为 Fluent 数据库默认数据；

②定义固体为 aluminum，数值为 Fluent 数据库默认数据；定义壁面为岩石。

（4）定义边界条件为：

①风筒进口定义为 VELOCITY–INLET 边界条件，初始速度为 11m/s，初始温度为 28℃，初始相对湿度为 50%；

②巷道出口定义为 PRESSURE–OUTLET 边界条件，设置静压为 0；

③壁面设置为 WALL 边界条件，选用岩石数据，温度设为恒温 35℃；

④风筒设置为 WALL 边界条件，选用铝数据，温度与进风温度相同。

进行数值模拟目的为掘进工作面内风流温度场的变化，在初期模拟过程中发现温度场不容易收敛，多次调整后发现欠松弛因子对收敛的影响较大，因此模拟时多次调节欠松弛因子后，发现其为 0.1 可使温度场在迭代 200 步左右时收敛且效果较好。对模型使用初始数据进行迭代，其迭代残差图如图 7–4 所示。

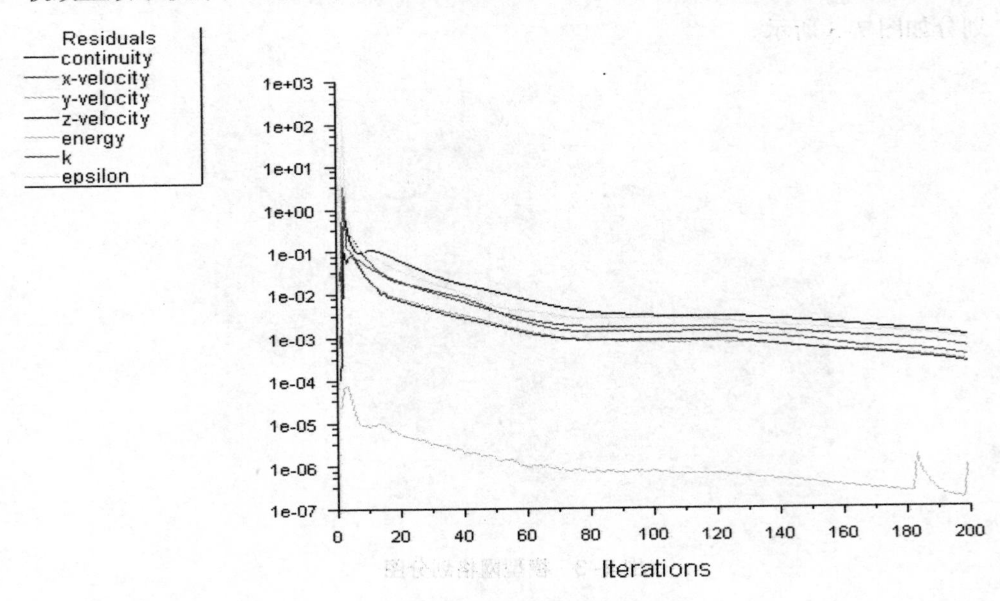

图 7–4　迭代残差图

7.2　降温前掘进面热环境分析

对模型在未降温前的参数（T=28℃ ,v=11m/s,φ=50%）下进行求解，并做出三个不同截面，沿风筒中心线的 XZ 垂直截面（y=1.5m），沿风筒中心线的 XY 垂直截面（Z=2m），YZ 垂直截面（X=8m）可得温度云图如图所示。

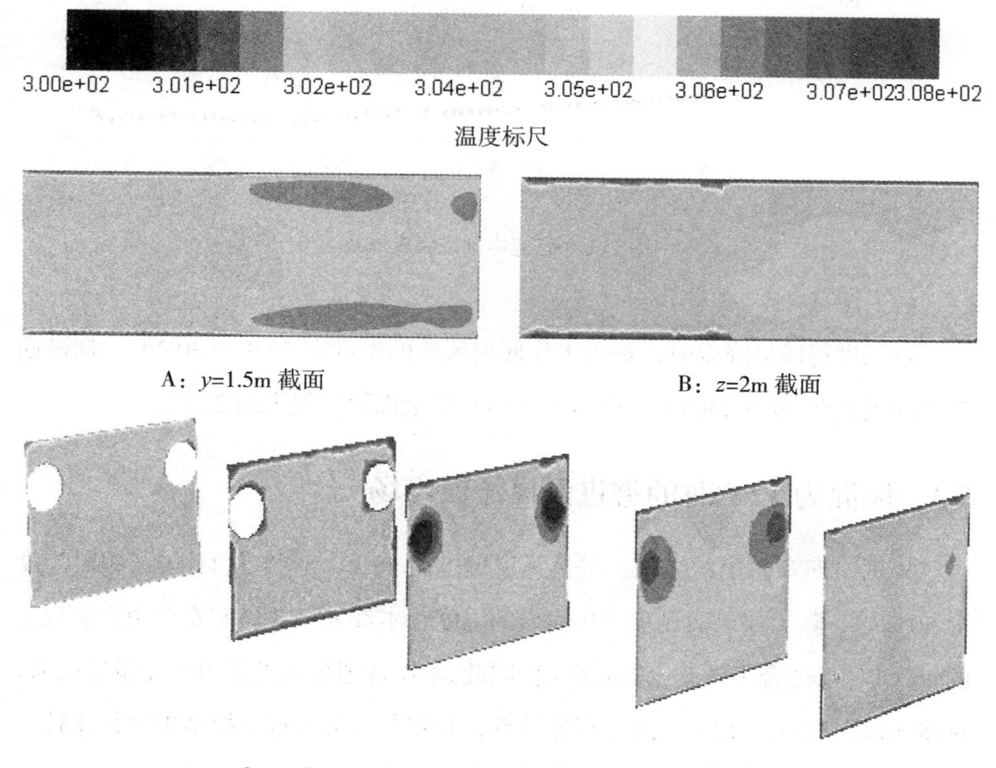

A：y=1.5m 截面　　B：z=2m 截面

C：x=0m，x=4.5m，x=8m，x=12m，x=14.9m 截面

图 7-5　未降温前的温度云图

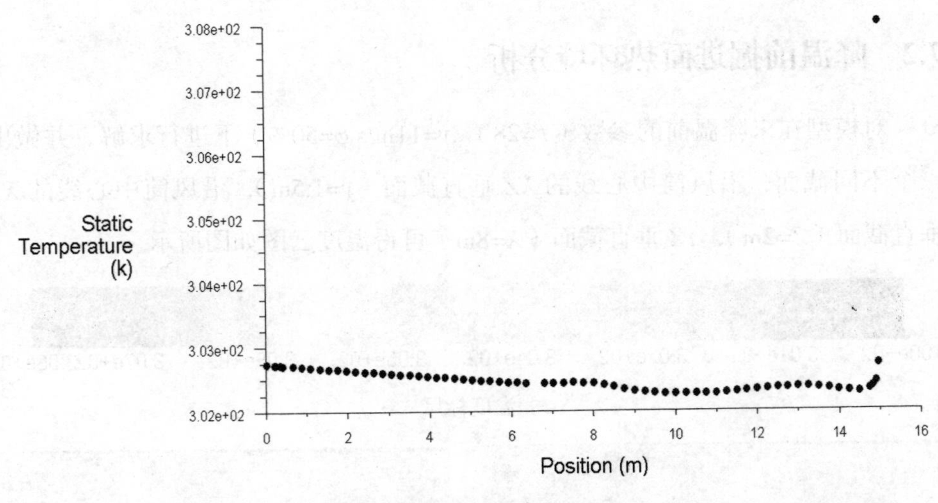

图 7–6　巷道中轴线温度曲线

由上图可知：

在未进行通风降温时，掘进工作面内风流的温度在 27.9 ～ 30.2℃，掘进迎头处的风温在 29 ～ 29.8℃，仍高于《煤矿安全规程》规定的 26℃。

7.3　风温为 12℃时的掘进面风流温度场

根据第四章得出的结论：进风风流温度为 12℃、速度为 11m/s、相对湿度为 50% 时，降温效果明显且工作面内的温度基本都处于《煤矿安全规程》规定的 26℃以内，适合工人安全高效作业。因此，本次数值模拟遵循单一变量原则时，仅将入风温度改为 12℃，进行模拟计算，并将其与第四章模拟结果进行比较。

改变入风温度为 12℃，其余影响因素均不变，进行模拟计算。做出三个不同截面：沿风筒中心线的 *XZ* 垂直截面（y=1.5m），沿风筒中心线的 *XY* 垂直截面（Z=2m），*YZ* 垂直截面（X=8m）可得温度云图；取巷道中轴线可得温度曲线图。

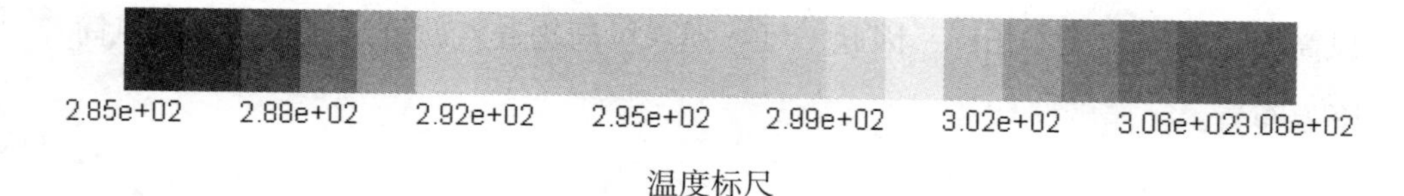

温度标尺

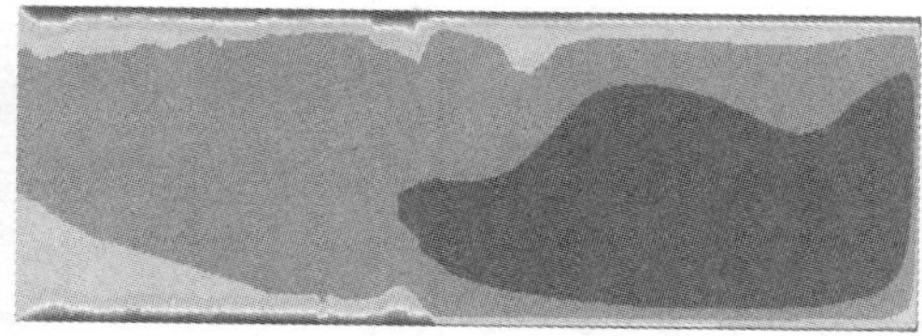
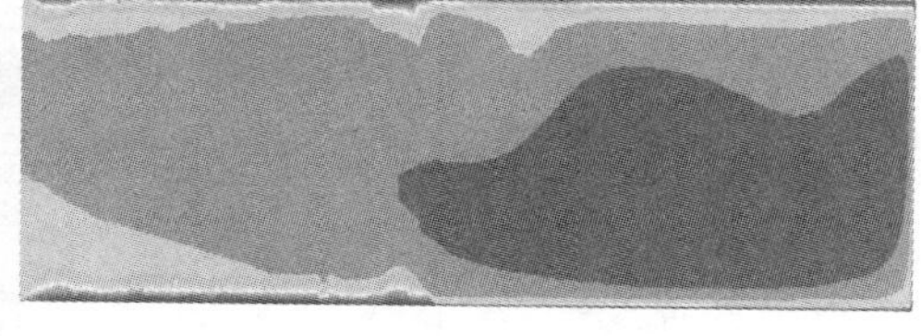

A：T=12℃，y=1.5m 截面　　　　B：T=12℃，z=2m 截面

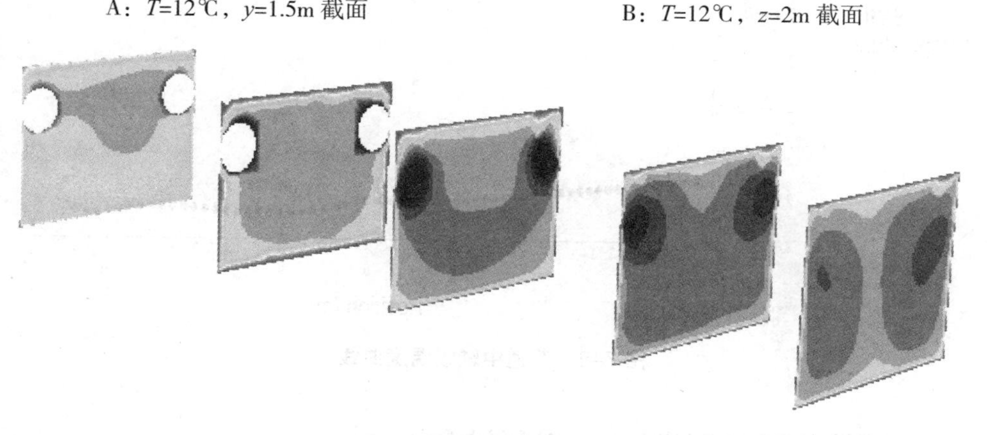

C：T=12℃，x=0m，x=4.5m，x=8m，x=12m，x=14.9m 截面

图 7–7　T=12℃时各截面温度云图

由上图可知，在入风温度为 12℃、速度为 11m/s、相对湿度为 50% 时，掘进工作面巷道内温度在 13.15 ～ 18.90℃，掘进迎头处的温度在 15.45 ～ 17.75℃，低于《煤矿安全规程》规定的 26℃。对比第四章的模型——长风筒通风，短风筒抽风在入风温度为 12℃、速度为 11m/s、相对湿度为 50% 时的数值模拟结果可发现：掘进迎头处的温度最低温降低了 1.15℃，但巷道内平均温度降低了 3.85℃，尤其是巷道进口处降低了 7.70℃。

通过以上对比可以发现，将双风筒均布置为通入新鲜风流时，降温效果更加明显，且整个掘进工作面巷道内的降温比较平均，巷道入口与掘进迎头处的温差仅为 5.8℃，远远低于长风筒通风短风筒抽风模型的 13.85℃。并且两种双风筒模型的安装成本相同，因此，可选择双风筒均通入新鲜风流模型为双风筒降温布置。

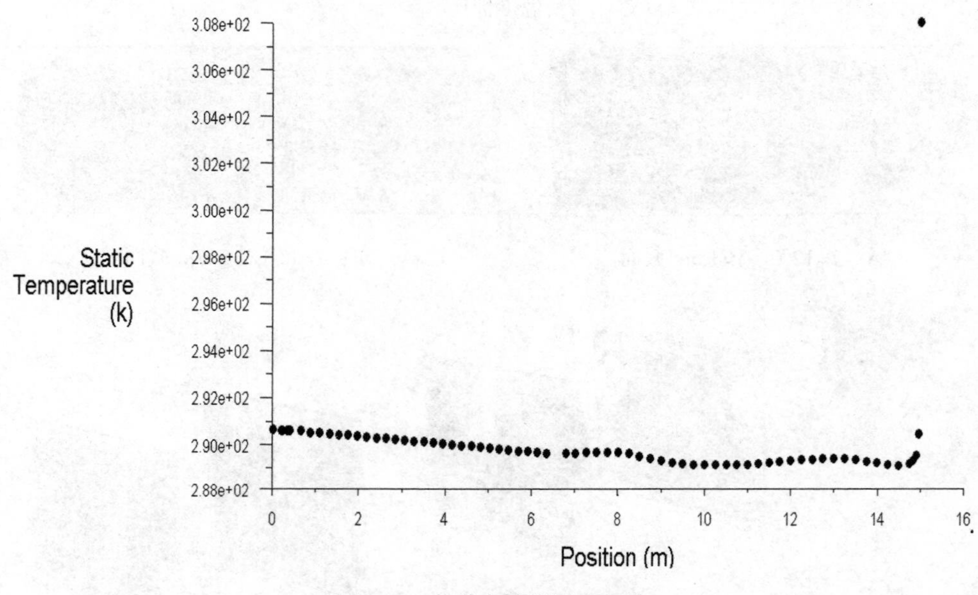

图 7–8　巷道中轴线温度曲线

7.4　风筒位置对掘进面温度场的影响

在双风筒均通入新鲜风流的模型中，风筒位置可进行更改，如双风筒均位于巷道顶部（图 7–2）、双风筒均位于巷道底部（风筒圆心均距地面 0.8m，见图 7–9）、双风筒均位于巷道侧面（上风筒圆心距地面 2.35 米，下风筒圆心距地面 0.45m，见图 7–10）以及双风筒呈角对称分布（上风筒圆心距地面 2.35m，下风筒圆心距地面 0.45m，图 7–11）。建立几何模型如图 7–9、图 7–10、图 7–11 所示。

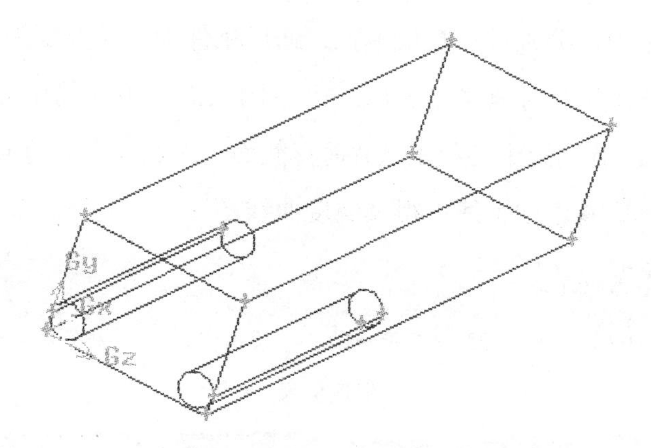

图 7-9　模型 1：双风筒均位于巷道底部

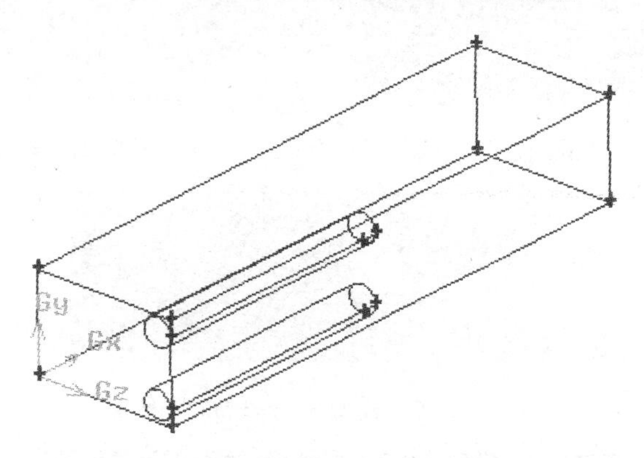

图 7-10　模型 2：双风筒位于巷道侧面

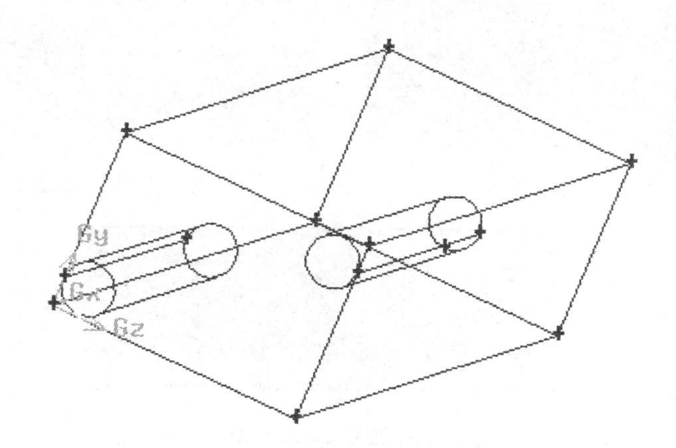

图 7-11　模型 3：双风筒呈角对称分布

对以上三个模型分别进行数值模拟，通风条件为入风温度为 12℃，入风速度为 11m/s，相对湿度为 50%。做出三个不同截面：沿风筒中心线的 *XZ* 垂直截面（y=1.5m），沿风筒中心线的 *XY* 垂直截面（z=2m），*YZ* 垂直截面（x=8m）可得温度云图；取巷道中轴线可得其温度曲线图。

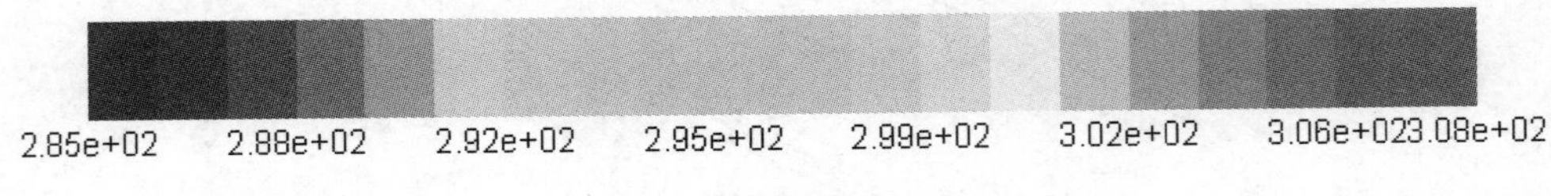

温度标尺

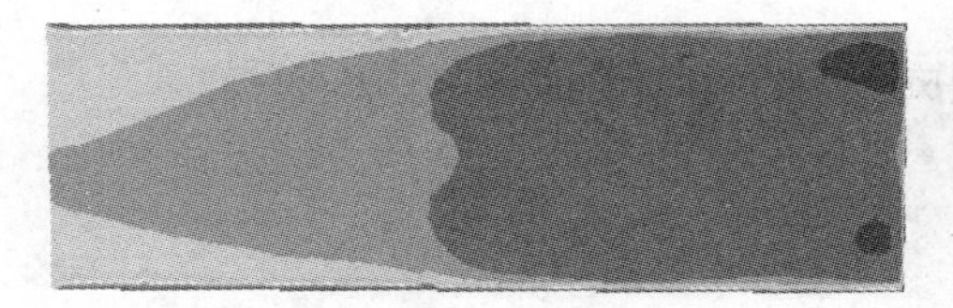

A：模型 1，y=1.5m 截面

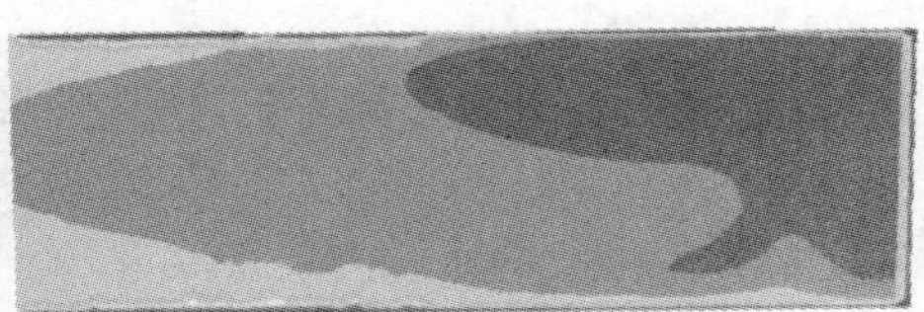

B：模型 2，y=1.5m 截面

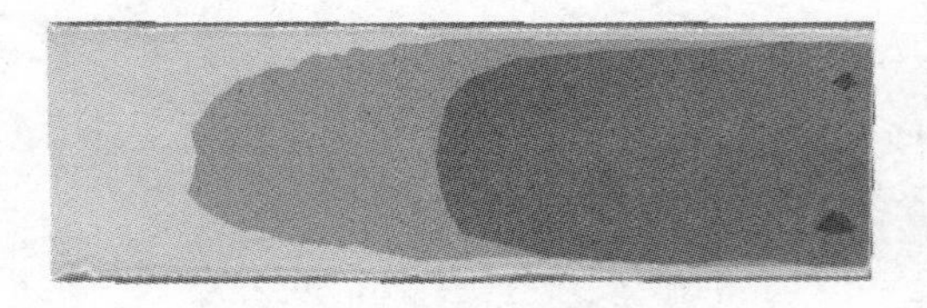

C：模型 3，y=1.5m 截面

图 7-12　模型 1,2,3 在 y=1.5m 截面的温度云图

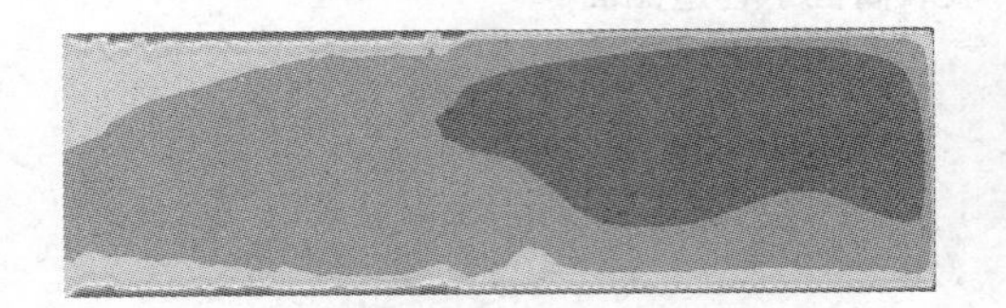

A：模型 1，z=2m 截面

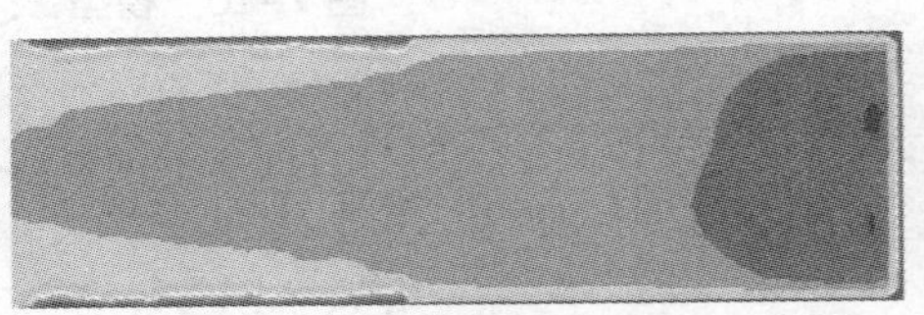

B：模型 2，z=2m 截面

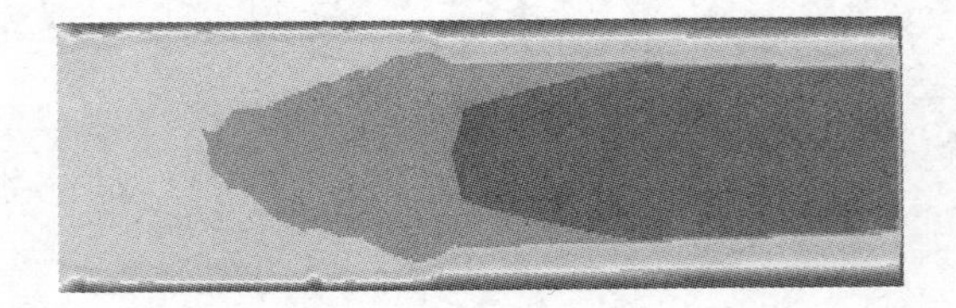

C：模型 3，z=2m 截面

图 7-13　模型 1,2,3 在 z=2m 截面的温度云图

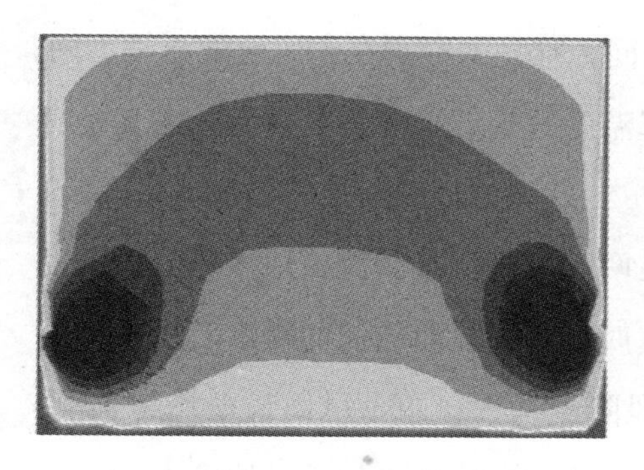

A：模型 1，x=8m 截面

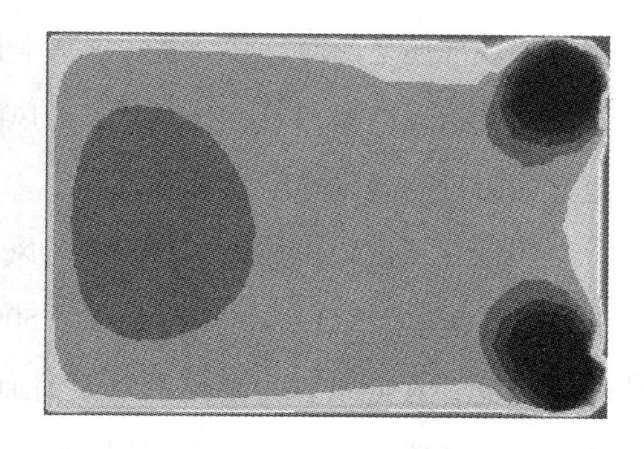

B：模型 2，x=8m 截面

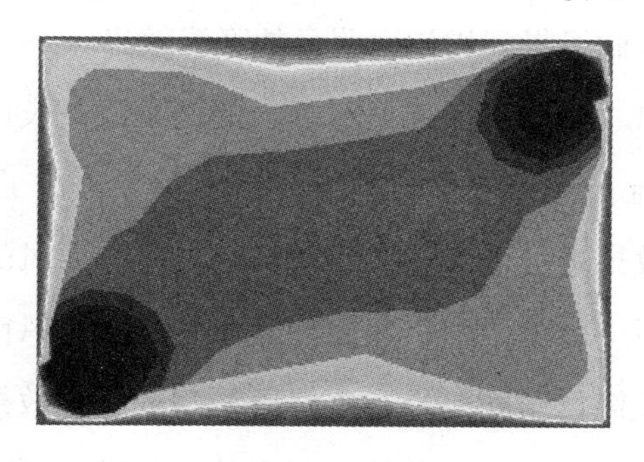

C：模型 3，x=8m 截面

图 7-14　模型 1,2,3 在 x=8m 截面的温度云图

由上图可知：

模型 1 在入风温度为 12℃、速度为 11m/s、相对湿度为 50% 时，掘进工作面内温度在 13.1 ～ 23℃间，掘进迎头处温度在 15.45 ～ 17.75℃，低于《煤矿安全规程》规定的 26℃。

模型 2 在入风温度为 12℃、速度为 11m/s、相对湿度为 50% 时，掘进工作面内温度在 13.1 ～ 23℃，掘进迎头处温度在 15.45 ～ 17.75℃，低于《煤矿安全规程》规定的 26℃。

模型 3 在入风温度为 12℃、速度为 11m/s、相对湿度为 50% 时，掘进工作面内温度在 13.1 ～ 27℃间，掘进迎头处温度在 15.45 ～ 27℃，在迎头截面上，越靠近壁面，温度越高，由 15.45℃增加到了 27℃。

通过上述数值模拟结果可发现，当两个通风筒位于同侧时，不论是在巷道顶部、底部还是侧面，其降温效果基本相同，唯一的区别在于风流的流动不同；而当两个通风筒呈角对称分布时，通风降温的效果低于前几种模型，尤其是靠近壁面附近的通风降温效果很弱。

因此，可以得出结论，双风筒通风在两个风筒位于同侧，通入风流的温度为 12℃、速度为 11m/s、相对湿度为 50% 时，有明显而均匀的降温效果。

因此，在此可提出最终的双风筒通风降温布置：两个风筒长度均为 7 米，均通入新鲜风流，两个风筒位于同侧，通入风流的温度为 12℃、速度为 11m/s、相对湿度为 50%，如此可得到均匀而明显的降温效果。

本章通过布置另一种双风筒通风布置，即两个风筒长度均为 7 米，均向掘进面内通入新鲜风流，与第三章的双风筒通风布置进行了在温度为 28℃以及 12℃时的通风降温效果进行了对比，发现两个风筒均通风的布置具有更好更均匀的降温效果。随后又对比了两个风筒均通风的布置中风筒位置对降温效果的影响，得到了两个风筒位于同侧具有更好更均匀的降温效果的结论，并得出了最终的双风筒通风降温布置。随着越来越多的矿井进入深部开采阶段，高温矿井中的热害问题愈发明显，治理热害矿井成了一项非常重要的技术发展重点。利用已有的各类研究资料，对高温矿井掘进工作面的降温技术研究有了一定研究，在前人的基础上提出了掘进工作面双风筒通风降温措施。在提出双风筒通风布置后，利用 Fluent 软件进行了数值模拟，遵循单一变量原则，改变通风参数——入风温度、入风速度、风流相对湿度来判断掘进工作面内的风流温度场的变化，寻找最佳降温效果。得出如下主要结论。

（1）入风温度对掘进工作面内温度的影响最为明显，入风速度与风流的相对湿度的影响较小，甚至几乎没有。

（2）当双风筒布置为长风筒送风、短风筒抽风时，送入新鲜风流的温度在 12℃、速度为 11m/s、相对湿度为 50% 时，通风降温的效果最为明显，但是降温效果非常不均匀，掘进迎头处有良好的降温效果，温度降为 16.60 ～ 18.89℃，但在远离风筒一侧温度高于另一侧；而巷道出口部分几乎没有降温作用，温度仍高于《煤矿安全规程》规定的26℃。

（3）当双风筒布置为两个长风筒均送入新鲜风流时，风流温度在12℃、速度为11m/s、相对湿度为50%，且两个风筒位于巷道同一侧时，通风降温的效果明显且均匀，掘进工作面内温度在13.1～23℃，掘进迎头处温度在15.45～17.75℃间。

（4）根据数值模拟结果，得到了最终的双风筒降温技术布置：双风筒布置为两个长风筒均送入新鲜风流时，风流温度在12℃、速度为11m/s、相对湿度为50%，且两个风筒位于巷道同一侧。

本章对掘进工作面通过双风筒降温布置后的风流温度场进行了数值模拟研究，对双风筒通风降温有了系统和深入的了解，但由于时间的不足、条件的限制以及无法深入矿井进行试验的缺陷所在，本书仍存在许多需要深入探索的研究，如风筒的材质对通风效果的影响、如何通入所需温度的冷风、风筒漏风等，以便得到与实际情况更加符合的研究模拟结果。

第八章　基于空气源热泵的矿井余热利用

我国能源结构以煤炭为主，是煤炭消耗大国。目前煤炭开采量以每年33亿吨的速度采掘仅可开采169年，所以响应国家节能减排号召，开发利用矿井余热，研发矿井回风余热及生产装备余热回收利用技术，将回收的热量通过转化应用于矿井井口冬季供暖、职工洗浴、办公场所、宿舍供暖等使之低碳运行具有十分重要的意义。

中煤能源集团鄂尔多斯分公司，作为中国企业500强的分公司，遵循着高起点、高目标、高质量、高效率、高效益“五高”标准，建设中煤集团的能源基地。矿井回风余热及生产装备余热回收利用技术的研究正切合公司的“五高”的发展标准。

母杜柴登矿井地理位置特殊，海拔高，冬季寒冷，供暖期长达6个月。初步调查矿井回风温度在21度，相对湿度约100%，如何将主扇风机抽出的矿井风流中的热能回收利用，用于矿井建筑的冬季供暖和夏季集中制冷以及职工生活供热，对煤矿的绿色生产具有显著的作用。

热泵技术用于矿井回风余热回收利用是煤矿行业开展低碳运行、循环经济、高效低耗、可持续发展生态矿山建设的重要创新性研究课题之一。煤矿作为能源企业有大量的废热余热可以利用，采用热泵技术提取废热余热，替代传统低效率的燃煤锅炉，从而减少原煤消耗，降低温室气体排放量，势必会带来巨大的社会效益、经济效益，达到节能减排、低碳循环经济的多效成果。

由于在矿井开采过程中，要保证井下工作面的操作环境要求、设备的散热需要，降低井下有害气体浓度，防止发生瓦斯聚集爆炸，矿井回风量基本维持在一个恒定的范围内，通过井下基本稳定的热湿环境传热后形成带有一定热量或冷量的回风，这部分回风所携带的冷热量很稳定，热量也足够大。因此利用热泵技术综合利用低品位的矿井回风余热，创造高品位的热能实现供热或者供热水，有效地降低矿区生产耗煤量，实现矿井的低碳运行目标。

在矿井回风中提取、废热余热的主要方式有气源热能直接利用和间接利用。气源热能直接利用主要选择空气源热泵直接从排风中提取热量，节省一些中间环节，节省投资；矿井回风的废热余热间接利用是用中间热媒——液体介质（如水）将回风中热能吸收，再利用水源热泵从中间热媒中提取热量，此种方式提取热量的能力较大。

矿井回风余热的间接接利用——回风源热泵系统在寒冷地区已有使用，如新汶矿业集团孙村煤矿，冀中能源东庞煤矿北井，山东枣庄福兴煤矿，冀中能源峰峰集团梧桐庄煤矿，淮北矿业集团涡北矿等。矿井回风余热的直接利用——矿井回风气源热泵系统在工程上的利用尚属首次，但空气源热泵系统在民用建筑空调系统在 20 世纪 90 年代已在我国的长江流域、黄淮流域得到广泛使用，21 世纪初寒冷地区、严寒地区使用的低温环境空气源热泵系统也在我国北方得到大面积的推广应用。空气源热泵利用矿井回风作为低温热源，属于一次创新型使用，回风空气温湿度一般在 20℃以上，空气源热泵的制热效率即 COP 值远高于普通的空源热泵，并且除霜的工况可以基本避免。

母杜柴登矿井回风余热利用系统，采取空气源热泵技术提取矿井回风中的热能，从而获得高品位的热能供风机房附近的黄泥注浆车间的冬季空调采暖使用。考虑到注浆车间供暖的安全可靠性，注浆车间的空调采暖备用了热水换热器供暖系统，在冬季极端天气或者空气源热泵检修时段启用热水换热器供暖系统，两套系统之间的转换依靠自动转换装置实现自动转换，不需人员操作。

8.1 矿井回风空气源热泵的优势及存在问题

矿井回风因其独特的空气热能品位，使得空气源热泵系统在各类矿井的余热利用方面具有广阔的前景与良好的社会经济效益。

目前，空气源热泵系统在国内外用于矿井回风余热的提取利用研究比较少，工程领域属于尝试阶段。矿井空气源热泵与地源热泵相比省去了地源侧的换热管路系统，节省了投资，并且矿井回风温度较高，又避免了普通空气源热泵系统在环境温度过低时结霜造成的弊端，同时冬季工况时 COP 值比传统空气源热泵系统显著提高，综合效率较高，节能效果明显。不过，为了提高空气源热泵系统提取矿井回风热能利用的效率，还存在一些问题需要研究。

（1）空气源热泵空气侧换热器换热性能研究。

（2）矿井回风空气源热泵空气过滤设备研究。

（3）空气源热泵系统空气侧换热器清污装置研究。

上述问题，在本项目中通过试验、理论分析、计算机模拟、现场实测数据研发严寒地区矿井回风余热利用的空气源热泵技术与成套设备。

母杜柴登矿井回风余热提取利用的空气源热泵系统，利用热泵技术，自回风中提取热能，供应给热泵系统的蒸发器，蒸发器内制冷剂获得热能后由液态变为气态，有压缩机抽吸压缩升压后进入冷凝器，气态的制冷剂在冷凝器中释放热能加热低温水然后供至注浆车间内的风机盘管式空调器，加热注浆车间内的空气，实现供暖；而冷凝器中的气态制冷剂释放热量后变为液态经节流装置节流降压后进入蒸发器继续从回风中提取热能有液态转为气态然后再次进入压缩机，周而复始的循环工作，持续地将回风中的热能提取供车间空调采暖用热。矿井回风空气源热泵系统原理图如图 8–1 所示。

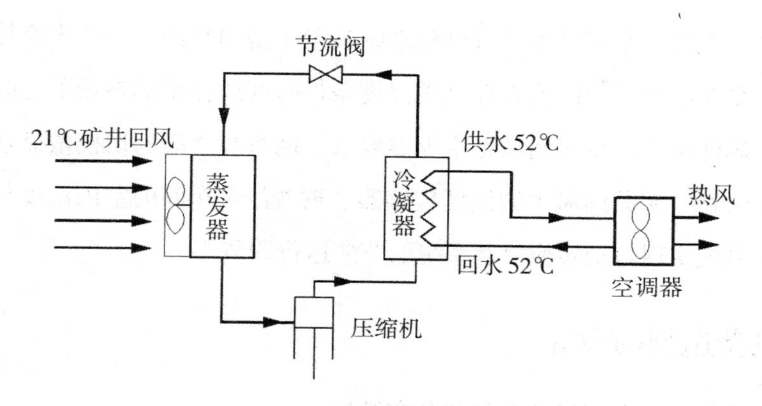

图 8-1　矿井回风空气源热泵系统

8.2　系统工艺流程

矿井回风空气源热泵系统主要有空气源热泵间，空气源热泵自动转动式过滤器、空气源热泵、循环水泵、风机盘管式空调器、空调热水供回水管路，工艺流程图 8-1。

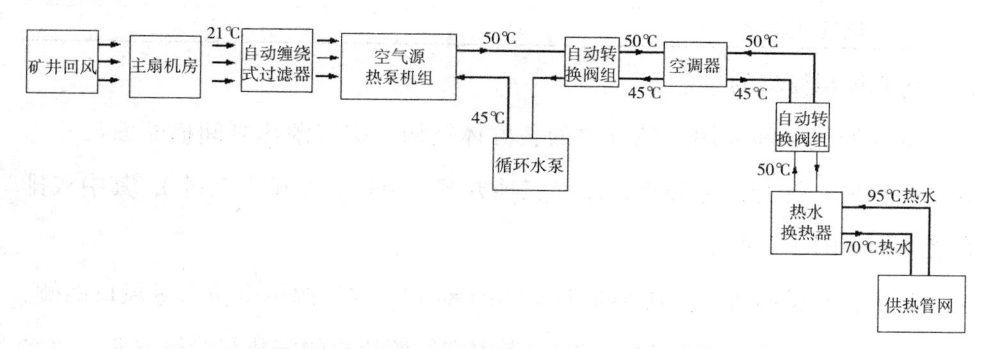

图 8-2　矿井回风空气源热泵空调采暖系统工艺流程图

温度 21℃、相对湿度 95% 的矿井回风由主扇机房进入空气源热泵间降低流速，在热泵机房处分流一部分回风经自动缠绕式过滤器过滤后进入空气源热泵机房，在机房内与空气源热泵空气侧换热器（蒸发器）换热后排至室外，空气源热泵利用回风的余热加热空调热水回水，使回水温度由 45℃加热到 50℃，由供水管路进入黄沙注浆车间的空调器，加热注浆车间的空气，供水温度降到 45℃再经循环水泵回至热泵机组再次加热循环工作，实现连续空调供暖。

此外黄泥注浆车间冬季空调供暖系统设置了备用热源——热水换热器，在空气源热泵系统出现故障或者在极端温度条件时回风提供的热量不足时启用备用热源，确保黄泥注浆车间的冬季保温要求。两系统之间的切换依靠通过设置在空调水管路、矿井回风中的温度传感器、黄沙注浆车间的室内温度传感器和中央控制系统实现自动转换以及系统的节能运行调节。

8.3 设备选型与设计

确定空气源热泵间尺寸及热泵分布结构。

表 8-1 边界条件

回风流量	m^3/s	300
空气源热泵尺寸	m	3.5 × 3.5 × 2.8
空气源热泵风量	m^3/s	40
空气源热泵数量	组	6
空气源热泵高度	m	1.5
风机口半径	m	2.1
风机口间距	m	11.5

仿真模拟模型的建立：

空气源热泵间采用一端开口的长方体结构。空气源热泵间横断面尺寸为23m × 9m 时，综合以上分析，建立三种方案（单排、双排、三排），其中双排布置结构如图 3–2 所示。

其中，双排布置空气源热泵时（如图 8–3），空气源热泵位于进风口两侧，空气源热泵间断面尺寸为 23m × 9m，考虑空气源热泵的安装与检修方便，故空气源热泵间距不宜过小（△ x>3m）。

空气源热泵 x 方向间距分 3m、5m、7m 三种长度试算。通过对比速度、压力分布，选择热泵间结构最佳设计方案。

中煤鄂尔多斯母杜柴登矿回风余热利用系统中空气源热泵间采用一端开口的长方体结构。开口即为空气源热泵间的出风口，热进风口为两个交替使用的圆形进风口，分布在与出口相对的壁面上。空气源热泵间共有六个空气源热泵，因其排列方式（单排、双排）、热泵间隔（3m、5m、7m）不同，共有六种方案。课题以计算流体力学（CFD）为理论依据，采用 Fluent 软件数值仿真选择热泵间结构最佳设计方案。

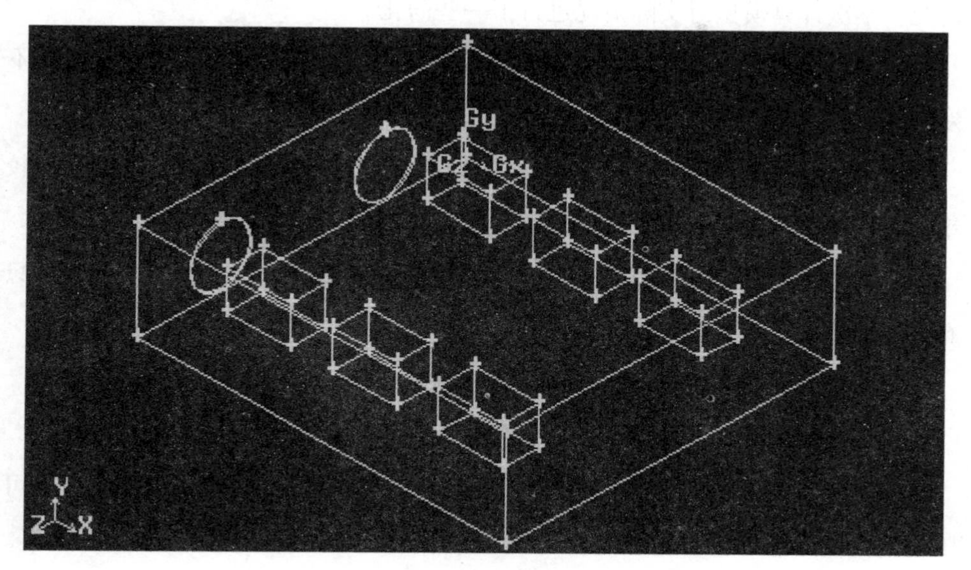

图 8-3　双排布置空气源热泵间计算模型示意图

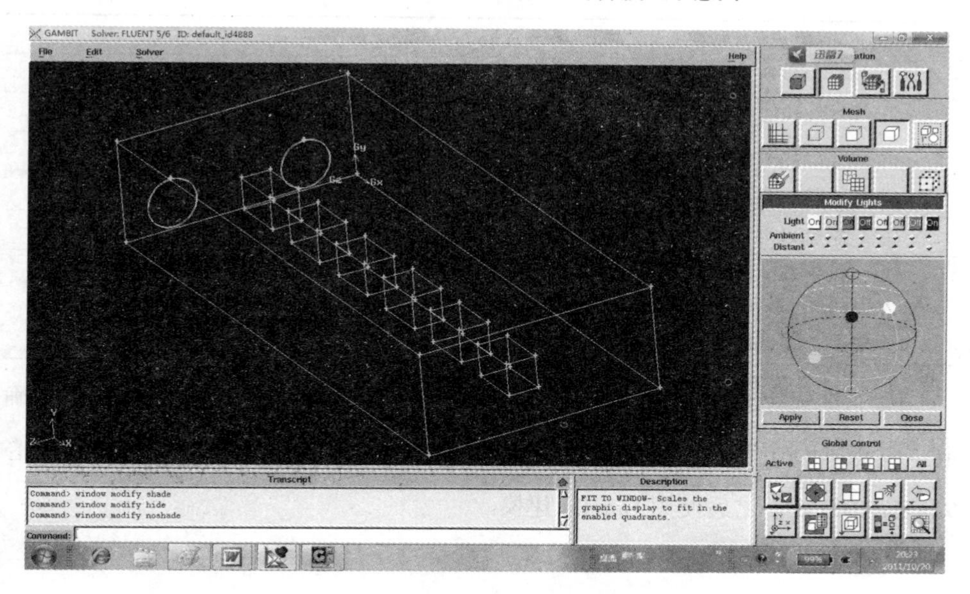

图 8-4　单排布置空气源热泵间计算模型示意图

8.4 空气源热泵间仿真模拟模型的建立

受计算机硬件条件的限制，计算模型不可能完全模拟空气源热泵间的真实情况。本次计算模型对实际情况进行了一些简化。

（1）空气源热泵见回风流量和空气源热泵进风量都为常量，且气体性质不发生变化。

（2）从空气源热泵排出的空气由管道排出室外，因管道结构复杂但管径较小，在计算中不考虑出风，即空气源热泵只有进口。

（3）空气源热泵间和空气源热泵都是完全立方体，且空气源热泵间内部只有空气源热泵，无其他任何结构。

（4）空气源热泵间和空气源热泵完全绝热。

（5）出口大气压为恒定值，即大气压强。

（6）忽略空气的可压缩性：当气体流度不超过 360km/h 时，将空气按不可压缩粘性流体考虑所引起的误差很小，可满足要求。

表 8-2 模型建立的基本参数

回风流量	m^3/s	300
空气源热泵尺寸	m	$3.5 \times 3.5 \times 2.8$
空气源热泵风量	m^3/s	40
空气源热泵数量	组	6
空气源热泵高度	m	1.5
风机口半径	m	2.1
风机口间距	m	11.5
风机口距地高度	m	0.3
空气源热泵间横断面	m	23×9

因单排模型建立过程相似，以下以空气源热泵间距五米为例。首先确定空气源热泵见长度 *L*，及进风口圆心 *A* 点位置，然后确定空气源热泵中心 *BCDEFG* 位置。之后使用 Gambit 建模。

计算结果：

L=56m　*A*（−28,−2.1,−5.75）　*B*（−21.25,−1.6,0）　*C*（−12.75,−1.6,0）

D（−4.25,−1.6,0）　E（4.25,−1.6,0）　F（12.75,−1.6,0）　G（21.25,−1.6,0）

模型如图 8–5 所示：

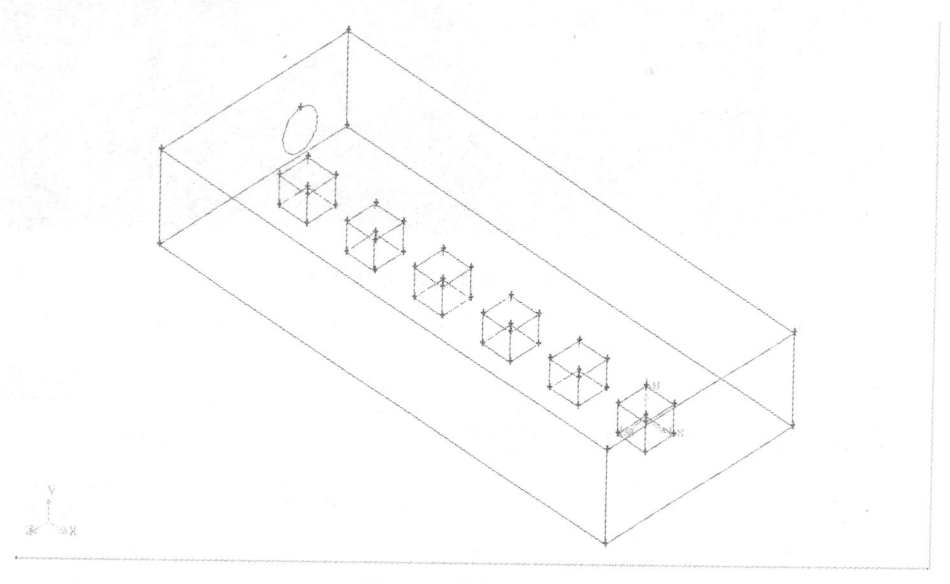

图 8–5　单排间距五米模型

网格划分时在入口处使用混合网格，在其他部分采用结构化网格。为了提高计算精度，节省计算资源，加快收敛，在空气源热泵处做加密处理。图 8–6，图 8–7，图 8–8，为 x，z，y 截面的网格划分情况。

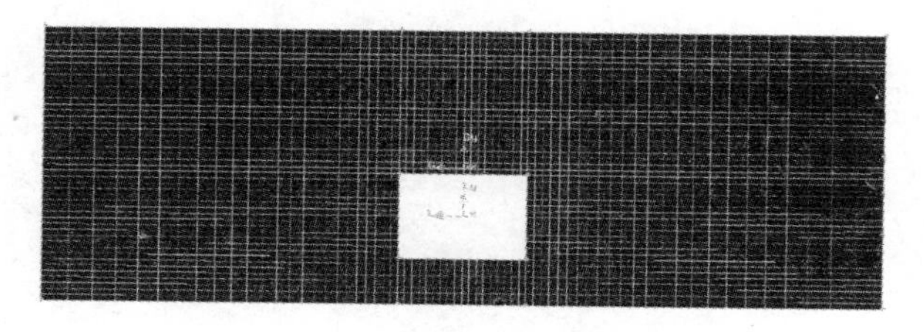

图 8–6　x 截面的网格划分情况

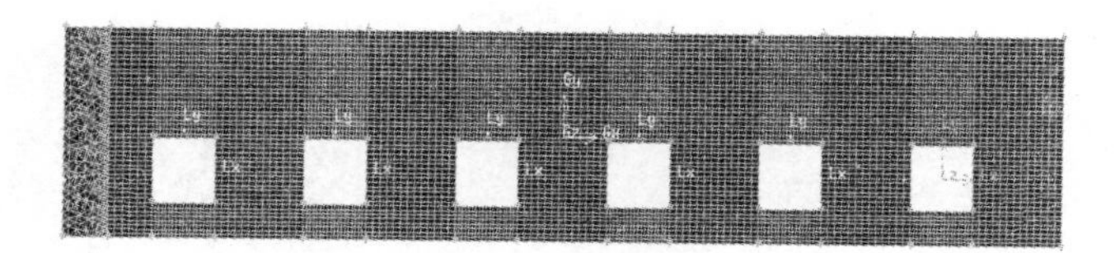

图 8–7　z 截面的网格划分情况

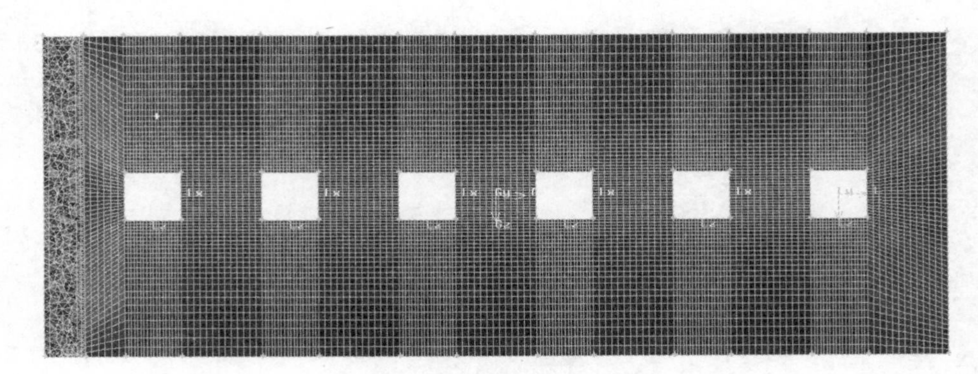

图 8–8　*y* 截面的网格划分情况

因双排模型建立过程相似，以下以空气源热泵间距五米为例。首先确定空气源热泵见长度 L，及进风口圆心 A 点位置，然后确定空气源热泵中心 BCDEFG 位置。之后使用 Gambit 建模。

计算结果：

L=30.5m　　A（–15.25,–2.1,–5.75）

B（–8.5,–1.6,4）　　C（0,–1.6,4）　　D（8.5,–1.6,4）

E（–8.5,–1.6,–4）　　F（0,–1.6,–4）　　G（8.5,–1.6,–4）

模型如下图所示：

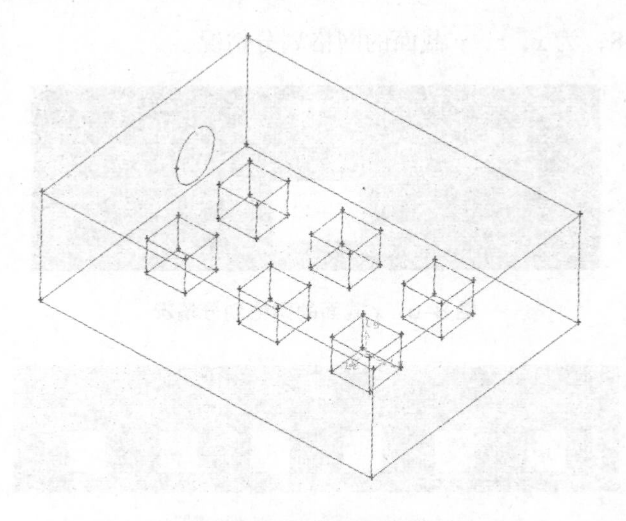

图 8–9　双排间距五米模型

网格划分时在入口处使用混合网格，在其他部分采用结构化网格。因空气源热泵间距与空气源热泵距空气源热泵间距离大体相当，故没有进行局部优化。图 8–10，图 8–11，图 8–12，为 x，z，y 截面的网格划分情况。

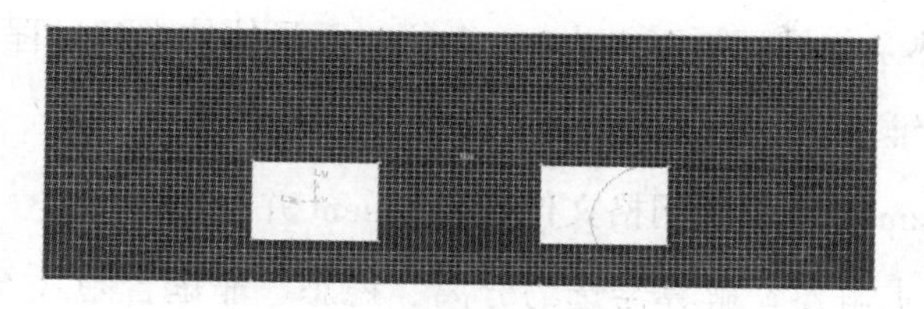

图 8–10　x 截面的网格划分情况

图 8–11　z 截面的网格划分情况

图 8–12　y 截面的网格划分情况

本书指定了空气源热泵见回风流量和空气源热泵进风量，所以该处边界类型可以设定为速度进口（velocity–inlet）或者质量进口（mass–flow–inlet）。质量进口质量流量固定但总压变化，但进口总压的调整可能会降低解的收敛性，又本书中气体流速很低，忽略气体的可压性，这里使用速度进口。

出口边界简单设定为压力出口（pressure-outlet），其他边界统一设定为壁面（well）。区域类型不进行指定，保持默认。

边界额区域设定完毕后导出网格文件。

以空气源热泵单排间隔五米为例，介绍一下具体的求解过程。

（1）以三维单精度模式运行 Fluent 软件。

（2）将 Gambit 导出的网格文件导入 Fluent 并检查。

（3）设定求解器；解算器选为分离、稳态、非耦合隐式方程，不选定能量方程，湍流模型选择标准$k-\varepsilon$模型。

Fluent 软件提供了三种求解方式，分别为非耦合求解、耦合隐式求解、耦合显式求解。通常，非耦合求解主要用于不可压缩或者是压缩性不强的流体运动。耦合求解器主要应用于高速可压流动、由强体积力（如浮力）导致的强耦合流动。耦合求解器收敛速度较快，但对计算机的内存要求比较高，其所需内存大约是分离式求解器的 1.5 到 2 倍。本问题中，空气压缩性很小所以使用非耦合隐式方程。

（4）定义流体物理性质。

本课题气体温度 21℃、相对湿度 95%。以下为计算过程。

本模拟中不涉及热交换，所以要用到的气体参数有两个密度，和动力粘度。又流速较小，所以假设其为固定的。

在计算这两个参数之前需要先计算一个参数，含湿量（比湿度）。含湿量（或称比湿度）是指在含有 1kg 干空气的湿空气中，所混有的水蒸气质量。

$$d = 622\frac{\varphi p_s(t)}{p_{ma} - \varphi p_s(t)} \qquad (\mathrm{g/kg(a)})$$

式中：d为湿空气的含湿量，$(\mathrm{g/kg(a)})$；p_{ma}为湿空气总压力Pa，这里取 101325；φ为湿空气相对湿度，%；$p_s(t)$为对应于湿空气温度 t/℃水蒸气饱和压力，Pa，其值可由拟合的下式计算：

$$p_s(t) = e^{7.23\times10^{-7}t^3 - 2.71\times10^{-4}t^2 + 7.2\times10^2 t + 6.42}$$

计算密度的公式为：

$$\rho_{ma} = \frac{p_{mz}\left(1+0.001d\right)}{R_{da}T(1+0.001606d)} \qquad \left(\mathrm{kg/m^3(a)}\right)$$

式中：ρ_{ma} 为湿空气的密度，$\mathrm{kg/m^3(a)}$；R_{da}为干空气的气体常数，取 287 $\mathrm{J/(kg \cdot K)}$；T为湿空气的温度，K。

对于二元组分的湿空气，其动力粘度可由下式计算

$$\mu_{ma} = \frac{M_{da}^{-\frac{1}{2}}\mu_{da} + dM_{v}^{-\frac{1}{2}}\mu_{v}}{M_{da}^{-\frac{1}{2}} + dM_{v}^{-\frac{1}{2}}}$$

式中：μ_{ma} 为湿空气的动力粘度，$\mathrm{kg/(m \cdot s)}$；M_{da}、M_{v}分别是干空气和水蒸气的分子量，分别取 28.97 和 18.02；

μ_{da}为干空气的动力粘度，$kg/(m \cdot s)$，其值由拟合的下式计算：

$$\mu_{ma} = (-4\times10^{-6}t^3 + 4.81\times10^{-2}t + 17.2)\times10^{-6}$$

μ_{v}为水蒸气的动力粘度，$kg/(m \cdot s)$；其值由拟合的下式计算：

$$\mu_{ma} = (-8\times10^{-7}t^2 + 4.01\times10^{-2}t + 8.022)\times10^{-6}$$

本问题中$t = 21$，$\varphi = 95\%$，

经计算

$$\rho_{ma} = 1.1897\left(\mathrm{kg/m^3(a)}\right) \qquad \mu_{ma} = 9.3348\times10^{-6}\left(\mathrm{kg/(m \cdot s)}\right)$$

然后用以上数据更新材料属性。

（5）定义边界条件。

空气源热泵间入口的速度，及六个空气源热泵的入口速度用流量除以表面积得到。经计算速度分别为 21.65373m/s，3.2653m/s。

定义速度入口时，使用 Magnitude and Direction（指定速度的大小和方向）定义进口速度，对于空气源热泵间入口 *x*，*y*，*z* 方向值为 1，0，0，对于空气源热泵的入口 x，y，z 方向值为 0，1，0，其他保持默认。

定义压力出口时，因假设出口压强为大气压，则所有选项保持默认；

（6）求解控制参数设置。

压力差值方式选择 PRESTO，因流场中有游动斜传网格线时，一阶精度将

会产生明显的离散误差（数值扩散）。虽然具有三阶精度的 QUICK 模式可能有更好的结果，但一般情况下，二阶精度已经足够，所以这里统一设定为二阶精度。其他保持默认。

（7）流场初始化，统一初始化最靠近空气源热泵间入口的空气源热泵。

（8）设置残差监视器，在 Options 项选择 Print 和 Plot。

（9）迭代计算。

（10）检查计算结果。

（11）保存计算结果。

8.5 热泵间流场、温度场耦合分析

在模型全部计算完毕后，本章将对模拟得到的结果进行分析以得出最优设计方案。

图 8-13、图 8-14 分别是空气源热泵间 y=-3 截面（即空气源热泵入口所在界面）处的速度云图与压力云图。

（a）单排三米

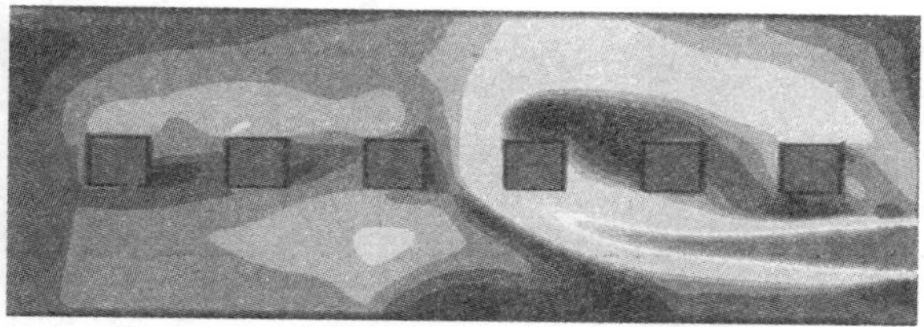

（b）单排五米

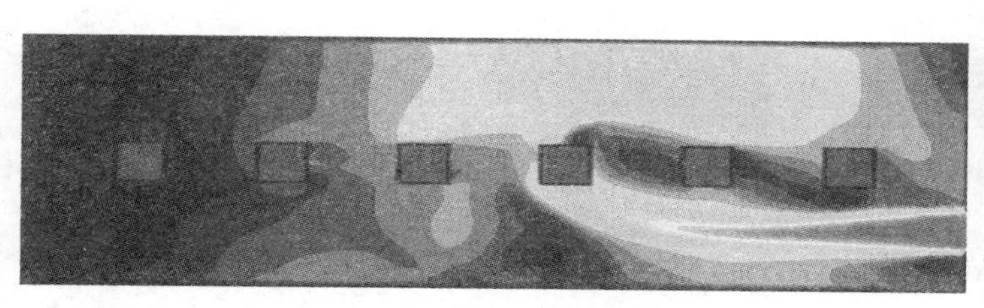

（c）单排七米

（d）双排三米

（e）双排五米

（f）双排七米

图 8–13　空气源热泵间 y=–3 截面处速度云图

图 8–14 分别是空气源热泵间 y=–3 截面（即空气源热泵入口所在界面）处的压力云图。

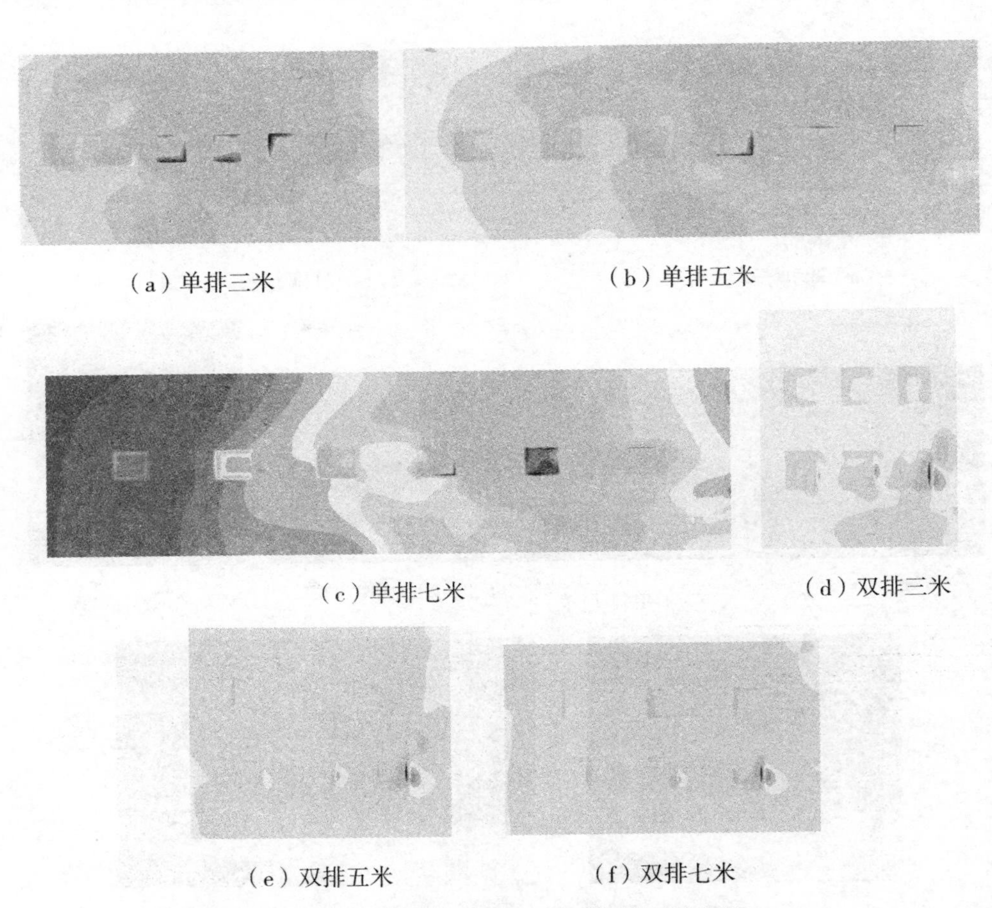

（a）单排三米　（b）单排五米

（c）单排七米　（d）双排三米

（e）双排五米　（f）双排七米

图 8–14　空气源热泵间 y=–3 截面处压力云图

从图中，可以看出各方案流场的基本情况。在所有的方案中空气源热泵间的出口都有负压且有回流出现，为更清楚观察这一现象图 8–15 给出个方案出口界面 x 方向速度图。

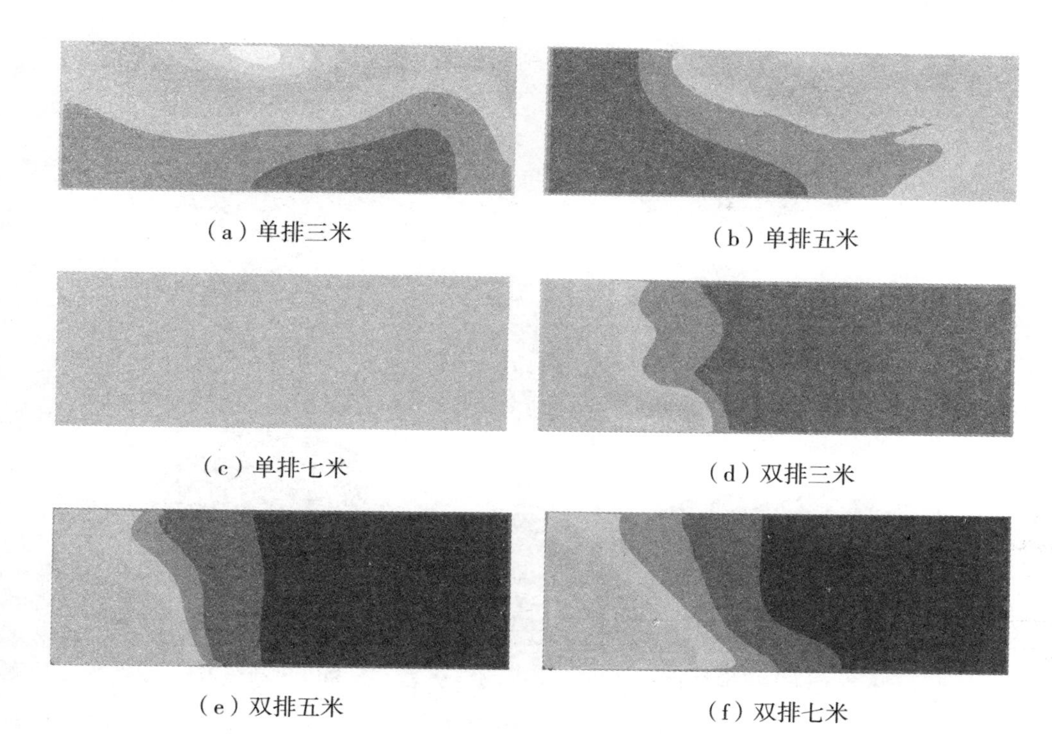

图 8–15 出口界面 x 方向速度图

从图 8–15 中可以清楚地看出各方案都有回流产生。在介绍回流的影响之前先介绍一下回流的性质。回风来源于两部分，一部分为空气源热泵间排出的进风，一部分为外部冷空气。由此可知其温度低于空气源热泵间的进排风温度。对比各云图可以看出当空气源热泵单排布置时，空气源热泵间的排风主要从上部排出，回风由下部进入。而空气源热泵双排布置时，空气源热泵间的出风主要从左下角排出，回风由右半部分进入。由于回风温度较低，则空气源热泵间的回风会对空气源热泵的效率产生一定的影响。

图 8–16 为出口界面回流的迹线图。制作时使用 Fluent 软件自带的分割面功能将出口界面分割为两部分。一部分 x 方向速度大于零，即空气源热泵间出口界面的排风部分，另一泵分 x 方向速度小于零，即空气源热泵间出口界面的回流部分，然后制作回流部分的流体质点迹线图，其中 Step Size 项保留默认的 0.01，Steps 设置为 1000，Path Coarsen 设置为 100。

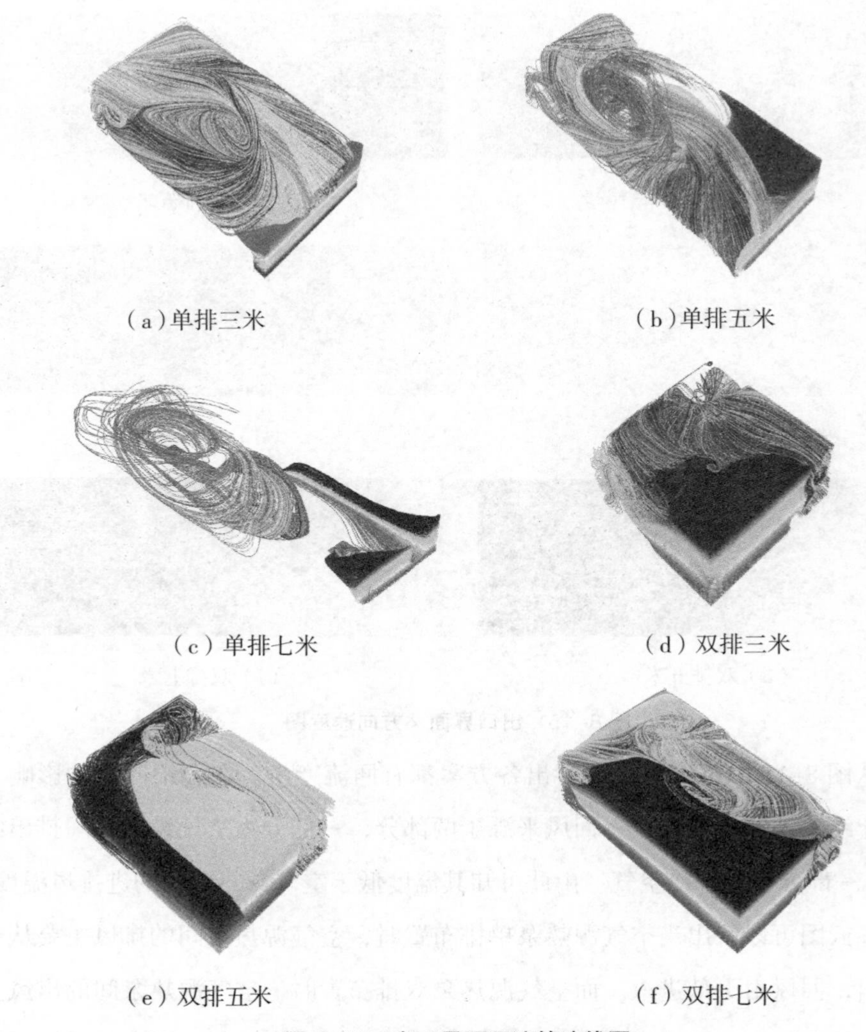

（a）单排三米　（b）单排五米

（c）单排七米　（d）双排三米

（e）双排五米　（f）双排七米

图 8-16　出口界面回流的迹线图

从图 8-16 可以看出，回流不仅会直接进入空气源热泵影响其工作，还会在整个流域内流动，从而降低整个流域的空气温度，从而影响所有空气源热泵的工作情况。对于各方案，空气源热泵间出风口的排风流量是相同的，即从空气源热泵间出口排出的热量是相同的，则假设方案空气源热泵间的回流温度是相同的。由此，回流量便决定了各方案的优劣。使用 Fluent 的面积分功能计算对先前分割出的出口回流部分进行积分，得出各方案出口的具体回流量。表 8-3

为各方案的回流量，图 8–17 为相应柱状图。

表 8–3　各方案的回流量

	单排三米	单排五米	单排七米	双排三米	双排五米	双排七米
回流量（kg/s）	355.45761	330.85818	22.353733	306.26309	339.36771	330.24368

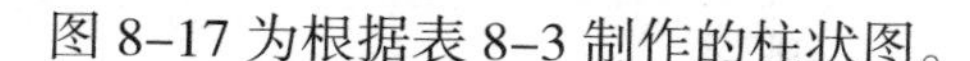
图 8–17 为根据表 8–3 制作的柱状图。

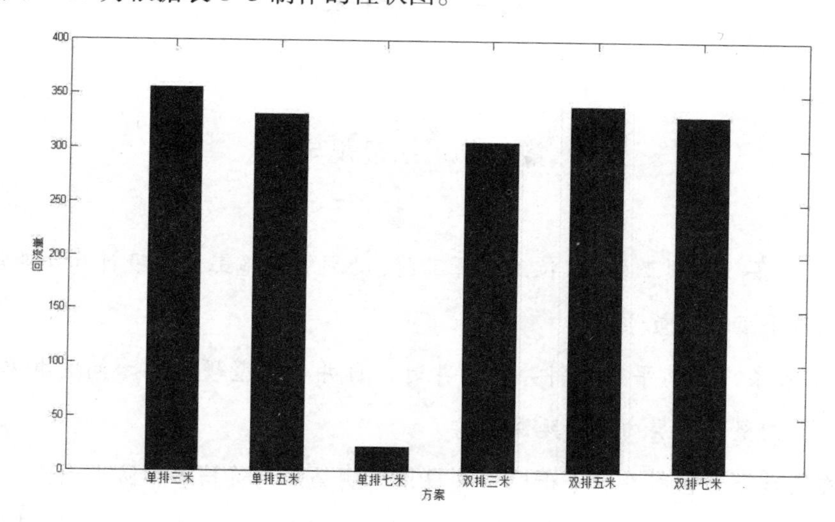

图 8–17　各方案的回流量

从柱状图中可以直观地看出，空气源热泵单排间隔七米的布置方式会产生最少的回流量，且与其他个方案有明显的差距。即使放弃各方案回流温度相同这一假设，并假设极端情况发生，该方案依然是最好的翻案。以回流量为 306.26309 kg/s 的空气源热泵双排间隔三米为例。极端情况下，其回风包含全部的空气源热泵间排风，其体积流量为 60 m^3/s，质量流量为 71.362 kg/s，此时双排间隔三米方案回流中外部空气的质量流量为 234.88109 kg/s。该数值依然远大于单排间隔七米的回流量。所以在极端情况下，单排间隔七米方案仍然是最佳方案。

本章首先简单的展示了各方案 Fluent 计算结果，然后对各方案都存在的回流问题进行分析和阐述，介绍了回流对空气源热泵工作的影响。最后，以回流量为标准，选择了空气源热泵单排间隔七米为最佳方案。

附录:《煤矿安全规程》井工部分(节选)

第一章 开采

第一节 一般规定

第15条 单项工程、单位工程开工前,必须编制施工组织设计和作业规程,并组织每个工作人员学习。

第16条 开凿平硐、斜井和立井时,自井口到坚硬岩层之间的井巷必须砌碹,并向坚硬岩层内至少延深5m。

在山坡下开凿斜井和平硐时,井口顶、侧必须构筑挡墙和防洪水沟。

第17条 掘进井巷和硐室时,必须采取湿式钻眼、冲洗井壁巷帮、水炮泥、爆破喷雾、装岩(煤)洒水和净化风流等综合防尘措施。

冻结法凿井和在遇水膨胀的岩层中掘进不能采用湿式钻眼时,可采用干式钻眼,但必须采取捕尘措施,并使用个体防尘保护用品。

第18条 每个生产矿井必须至少有2个能行人的通达地面的安全出口,各个出口间的距离不得小于30m。

采用中央式通风系统的新建和改扩建矿井,设计中应规定井田边界附近的安全出口。当井田一翼走向较长、矿井发生灾害不能保证人员安全撤出时,必须掘出井田边界附近的安全出口。

井下每一个水平到上一个水平和各个采区都必须至少有2个便于行人的安全出口,并与通达地面的安全出口相连接。未建成2个安全出口的水平或采区严禁生产。

井巷交岔点，必须设置路标，标明所在地点，指明通往安全出口的方向。井下工作人员必须熟悉通往安全出口的路线。

第19条　对于通达地面的安全出口和2个水平之间的安全出口，倾角等于或小于45°时，必须设置人行道，并根据倾角大小和实际需要设置扶手、台阶或梯道。倾角大于45°时，必须设置梯道间或梯子间，斜井梯道间必须分段错开设置，每段斜长不得大于10m；立井梯子间中的梯子角度不得大于80°，相邻2个平台的垂直距离不得大于8m。

安全出口应经常清理、维护，保持畅通。

第20条　主要绞车道不得兼作人行道。提升量不大，保证行车时不行人的，不受此限。

第21条　巷道净断面必须满足行人、运输、通风和安全设施安装、检修、施工的需要，并符合下列要求：

（一）主要运输巷和主要风巷的净高，自轨面起不得低于2m。架线电机车运输巷的净高必须符合本规程第三百五十六条和第三百五十七条的有关要求。

（二）采区（包括盘区、以下各条同）内的上山、下山和平巷的净高不得低于2m，薄煤层内的不得低于1.8m。

采煤工作面运输巷、回风巷及采区内的溜煤眼等的净断面或净高，由煤矿企业统一规定。

巷道净断面的设计，必须按支护最大允许变形后的断面计算。

第22条　运输巷两侧（包括管、线、电缆）与运输设备最突出部分之间的距离，应符合下列要求：

（一）新建矿井、生产矿井新掘运输巷的一侧，从巷道道碴面起1.6m的高度内，必须留有宽0.8m（综合机械化采煤矿井为1m）以上的人行道，管道吊挂高度不得低于1.8m；巷道另一侧的宽度不得小于0.3m（综合机械化采煤矿井为0.5m）。巷道内安设输送机时，输送机与巷帮支护的距离不得小于0.5m；输送机机头和机尾处与巷帮支护的距离应满足设备检查和维修的需要，并不得小于0.7m。巷道内移动变电站或平板车上综采设备的最突出部分，与巷帮支护的距离不得小于0.3m。

（二）生产矿井已有巷道人行道的宽度不符合本条第一款第（一）项的要求时，必须在巷道的一侧设置躲避硐，2个躲避硐之间的距离不得超过40m。躲避硐宽度不得小于1.2m，深度不得小于0.7m，高度不得小于1.8m，躲避硐内严禁堆积物料。

（三）在人车停车地点的巷道上下人侧，从巷道道碴面起1.6m的高度内，必须留有宽1m以上的人行道，管道吊挂高度不得低于1.8m。第23条在双轨运输巷中，2列列车最突出部分之间的距离，对开时不得小于0.2m，采区装载点不得小于0.7m，矿车摘挂钩地点不得小于1m。车辆最突出部分与巷道两侧距离，必须符合本规程第二十二条的要求。

第24条　采区结束回撤设备时，必须编制专门措施，加强通风、瓦斯、防火管理。

第二节　井巷掘进和支护

第25条　凿井期间，井口工作范围必须栅栏围住，人员进出地点必须安装栅栏门；井口必须设置封口盘和井盖门，井盖门的两端必须安装栅栏，封口盘和井盖门必须坚固严密，并采用不燃性材料。

第26条　采用普通凿井法施工时，立井的永久或临时支护到井筒工作面的距离及防止片帮的措施必须根据岩性、水文地质条件和施工工艺在作业规程中明确规定。

第27条　立井井筒穿过表土层、砂层、松软岩层或煤层时，必须有专门措施。采用井圈或其他临时支护时，临时支护必须安全可靠、紧靠工作面，并及时进行永久支护。在建立永久支护前，每班应派专人观测地面沉降和临时支护后面的井帮变化情况；发现危险预兆时，必须立即停止工作，撤出人员，进行处理。

第28条　立井永久支护的质量必须符合设计要求。岩帮与支护之间必须填满灌实。井壁出水时必须采取导水或堵水等措施。

第29条　采用钻井法开凿立井井筒必须遵守下列规定:

(一)钻井的设计与施工最终位置必须通过风化带，并向不透水的稳定基岩至少延深5m。

(二)钻井期间，采用封口平台时，必须将井口封盖严密；采用井口梁时，必须有可靠的防坠措施。

(三)钻井过程中，护壁泥浆的各项参数必须定时测定，发现问题立即调整。井筒内的泥浆面，必须保持高于地下静止水位。

(四)钻井时必须测定井筒的偏斜度。偏斜超过规定时，必须及时纠正。井筒偏斜度及测点的间距必须在施工组织设计中明确规定。钻井完毕后，必须绘制井筒的纵横剖面图，井筒中心线和截面必须符合设计要求。

(五)预制井壁的质量，必须逐节检查鉴定。井壁连接部位必须有可靠的防蚀、防水措施，合格后方可下沉井壁。

(六)井壁下沉完成后，必须检查井壁偏斜度，只有符合要求后方可进行壁后充填，壁后充填必须密实。充填材料必须经过试验，满足强度和凝固时间的要求，并保证能够置换出泥浆。开凿沉井井壁的底部或开掘马头门之前，必须检查破壁处及其上方15—30m范围内壁后的充填质量，发现不合格时，必须采取可靠的补救措施。

(七)开凿沉井井壁的底部和开掘马头门采用爆破作业时，必须制定安全措施。

第30条　采用冻结法开凿立井井筒应遵守下列规定:

(一)冻结深度应穿过风化带延深至稳定的基岩10m以上。基岩段涌水较大时，应加深冻结深度。

(二)钻进冻结孔时，必须测定钻孔的方向和偏斜度，测斜的最大间隔不得超过30m，并绘制冻结孔实际偏斜平面位置图，偏斜度超过规定时，必须及时纠正。因钻孔偏斜影响冻结效果时，必须补孔。

（三）地质检查钻孔不得打在冻结的井筒内。水文观测钻孔偏斜不得超出井筒，深度不得超过冻结段下部隔水层。

（四）冻结管应采用无缝钢管焊接或螺纹连接，冻结管下入钻孔后应进行试漏，发现异常时，必须及时处理。

（五）开始冻结后，必须经常观察水文观测孔的水位变化。只有在水文孔冒水 7 天、水量正常，确认冻结壁已交圈后，方可进行试挖。冻结和开凿过程中，要经常检查盐水温度和流量、井帮温度和位移，以及井帮和工作面渗漏盐水等情况。检查应有详细记录，发现异常，必须及时处理。

（六）开凿表土层冻结段时，可以采用爆破作业，但必须制定安全技术措施。

（七）掘进施工过程中，必须有防止冻结壁变形、片帮、掉石、断管等安全措施。

（八）生根壁座应设在含水较少的稳定坚硬的基岩中。

（九）只有在永久井壁施工全部完成后，方可停止冻结。

（十）梁窝的设计和施工必须有防止漏水的措施。

（十一）不论冻结管能否提拔回收，对全孔必须及时用水泥砂浆或混凝土全部充满填实。

冻结站必须用不燃性材料建筑，度应有通风装置。应经常测定站内空气中氨气，氨的浓度不得超过 0.004%。站内严禁烟火，并必须备有急救和消防器材。

氨瓶和氨罐必须经过试验，合格后方准使用；在运输、使用和存放期间，应有安全措施。

第 31 条　立井井筒穿过含水岩层或破碎带，采用地面或工作面预注浆法进行堵水或加固时，应遵守下列规定：

（一）注浆施工前，必须编制注浆工程设计。

（二）注浆段长度必须大于注浆的含水岩层的厚度，并深入不透水岩层或硬岩层5 — 10m。井底的设计位置在注浆的含水岩层内时，注浆深度必须大于井深10m。

（三）地面预注浆的钻孔，每钻进40m必须测斜1次，钻孔偏斜率不得超过0.5%。

（四）注浆前，必须进行注浆泵和输送管路系统的耐压试验。试验压力必须达到最大注浆压力的1.5倍，试验时间不得小于15min，无异常情况后，方可使用。

（五）注浆过程中，注浆压力突然上升时，必须停止注浆泵运转，卸压后方可处理。

（六）每次注浆后，应至少停歇30min，方可提拔止浆塞，以防高压浆顶出钻杆。

（七）冬季注浆施工时，注浆站和地面输浆管路，必须采取防冻措施。

（八）井筒工作面预注浆前，在注浆的含水岩层上方，必须按设计要求设置止浆岩帽或混凝土止浆垫。含水岩层厚度大，需采用分段注浆和掘砌时，对每一注浆段，必须按设计要求设置止浆岩帽或混凝土止浆垫。岩帽和混凝土止浆垫的结构形式和厚度应根据最大注浆压力、岩石性质和工作条件确定。混凝土止浆垫由井壁支承时，应对井壁强度进行验算。

（九）孔口管必须按设计孔位埋设牢固，并安设高压阀门。注浆前，必须对止浆垫和孔口管进行耐压试验，试验压力必须大于注浆压力1MPa。

（十）钻注浆孔时，钻机必须安设牢固。取芯钻进时，应使用能够防止顶出钻具的钻头；无芯钻进时，可使用三翼钻头，以防承压水顶出钻具。

（十一）井内应设吊泵，及时排除井底积水。当钻进注浆孔时，如井筒涌水量接近吊泵额定排水能力，必须停止钻进，提取钻具，关闭高压阀门，及时注浆。

（十二）注浆站设在地面时，井上、下必须有可靠的通信联系。

（十三）制浆和注浆的工作人员，应佩戴防护眼镜和口罩，水泥搅拌房内应采取防尘措施。

（十四）注浆结束后，必须检查注浆效果，合格后，方可开凿井筒。

第 32 条　立井井筒漏水量每小时超过 6m3 或漏水中含砂，采用井壁注浆堵水时，必须编制施工组织设计并遵守下列规定：

（一）井壁必须有承受最大注浆压力的强度。

（二）井筒在流砂层部位时，注浆孔深度必须小于井壁厚度 200mm。

井筒采用双层井壁支护时，注浆孔应穿过内壁进入外壁 100mm。当井壁破裂必须采用破壁注浆时，必须制定专门措施。

（三）注浆管必须固结在井壁中，并装有阀门。钻孔可能发生涌砂时，应采取套管法或其他安全措施。采用套管法注浆时，必须对套管的固结强度进行耐压试验，只有达到注浆终压力后，方可使用。

（四）在罐笼顶上进行钻孔注浆作业时，必须安设工作盘和注浆管路安全阀，作业人员必须佩带保险带，并在井口设专职值班人员。

（五）井上、下都必须有可靠的通信设施，升降注浆作业吊盘或工作盘时，必须得到值班人员的允许。

（六)井筒内进行钻孔注浆作业时，井底不得有人。注浆中必须观察井壁，发现问题必须停止作业，及时处理。

（七）钻孔时应经常检查孔内涌水量和含砂量。涌水量较大或涌水中含砂时，必须停止钻进，及时注浆；钻孔中无水时，必须及时严密封孔。

（八）注浆管露出井壁的管端与提升容器之间的间隙，必须符合本规程第三百八十七条的有关规定。

第 33 条　开凿或延深立井的施工组织设计中，必须有吊盘、保护盘以及凿岩、抓岩、出矸等设备的设置、运行、维修的安全措施。

第 34 条　开凿或延深立井时，井筒内必须设有在提升设备发生故障时专供人员出井的安全设施。

第 35 条　工作人员在下列情况下必须佩带保险带：

（一）乘吊桶或随吊盘升降时。

（二）在井架上或井筒内的悬吊设备上作业时。

（三）拆除保险盘或掘凿保护岩柱时。

（四）在井圈上清理浮矸时。

（五）在倒矸台上围栏外作业时。

保险带必须定期按有关规定试验。保险带必须拴在牢固的构件上。每次使用前必须检查，发现损坏时，必须立即更换。

第 36 条　开凿或延深立井时，井筒内每个工作地点必须设置独立的信号装置。掘进和砌壁平行作业时，从吊盘和掘进工作面所发出的信号，必须有明显的区别。

井内和井口的信号必须由专职信号工发送。除紧急停车外，严禁不经过井口信号工直接从井内向绞车房发送信号。井内作业人员必须熟悉并会发送信号。

井口、井底信号工应在吊罐提起适当高度后，先发暂停信号，进行稳罐；待吊罐稳定，清理罐底附着物后，才能发出下降或提升信号。信号工必须目接、目送吊罐安全通过责任段。

第 37 条　安装井架或井架上的设备时必须盖严井口。装备井筒与安装井架及井架上的设备平行作业时，井口掩盖装置必须坚固可靠，能承受井架上坠落物的冲击。

第 38 条　延深立井井筒时，必须用坚固的保险盘或留保护岩柱与上部生产水平隔开。只有在井筒装备完毕、井筒与井底车场连接处的开凿和支护完成，制定安全措施后，方可拆除保险盘或掘凿保护岩柱。

第 39 条　采用反向凿井法掘凿暗立井或竖煤仓应遵守下列规定：

（一）用木垛盘支护时，必须及时支护。爆破前最末一道木垛盘与工作面的距离不得超过 1.6m。木垛盘的基墩必须牢固可靠。行人、运料眼与溜矸眼之间，必须用木板隔开。在人行眼内必须有木梯和护头板，护头板的间距最大不得超过 3m，护头板上的矸石必须及时清理。爆破前，必须将人行眼和运料眼盖严。爆破后，首先通风，吹散炮烟，之后方可进入检查，检查人员不得少于2人。经过检查，确认通风、信号正常，人行间、隔板、护头板、顶板、井帮等无危险情况后，方可进行作业。

（二）采用吊罐法施工时，绳孔偏斜率不得超过0.5%，绞车房与出矸水平之间，必须装设2套信号装置，其中1套必须设在吊罐内。爆破前必须摘下吊罐，放置在巷道内安全地点，将提升钢丝绳提到安全位置。

爆破后必须指定专人检查提升钢丝绳和吊具，如有损坏，修复后方可使用。吊罐内有人作业时，严禁在吊罐下方进行工作或通行。

（三）采用反井钻机施工时，在扩孔期间，严禁人员在孔的下方停留、通行或观察。扩孔完毕，必须在孔的外围设置栅栏，防止人员进入。

（四）扩井时，必须有防止人员坠落的安全措施。爆破前必须拆除爆破孔底以下0.3m范围内的木垛盘。

溜矸眼内的矸石必须经常放出，防止卡眼，但不得放空。严禁站在溜矸眼的矸石上作业。

第40条　冬季或用冻结法开凿立井时，必须有防冻、清除冰凌的措施。

第41条　掘进工作面严禁空顶作业。靠近掘进工作面10m内的支护，

在爆破前必须加固。爆破崩倒、崩坏的支架必须先行修复，之后方可进入工作面作业。修复支架时必须先检查顶、帮，并由外向里逐架进行。

在松软的煤、岩层或流砂性地层中及地质破碎带掘进巷道时，必须采取前探支护或其他措施。

在坚硬和稳定的煤、岩层中，确定巷道不设支护时，必须制定安全措施。

第42条　支架间应设牢固的撑木或拉杆。可缩性金属支架应用金属支拉杆，并用机械或力矩扳手拧紧卡缆。支架与顶帮之间的空隙必须塞紧、背实。巷道砌碹时，碹体与顶帮之间必须用不燃物充满填实；巷道冒顶空顶部分，可用支护材料接顶，但在碹拱上部必须充填不燃物垫层，其厚度不得小于0.5m。

第43条　更换巷道支护时，在拆除原有支护前，应先加固临近支护，拆

除原有支护后，必须及时除掉顶帮活矸和架设永久支护，必要时还应采取临时支护措施。在倾斜巷道中，必须有防止矸石、物料滚落和支架歪倒的安全措施。

第 44 条　采用锚杆、锚喷等支护形式时，应遵守下列规定：

（一）锚杆、锚喷等支护的端头与掘进工作面的距离，锚杆的形式、安装角度，混凝土标号、喷体厚度，挂网所采用金属网的规格以及围岩涌水的处理等，必须在施工组织设计或作业规程中规定。

（二）采用钻爆法掘进的岩石巷道，必须采用光面爆破。

（三）打锚杆眼前，必须首先敲帮问顶，将活矸处理掉，在确保安全的条件下，方可作业。

（四）使用锚固剂固定锚杆时，应将孔壁冲洗干净，砂浆锚杆必须灌满填实。

（五）软岩使用锚杆支护时，必须全长锚固。

（六）采用人工上料喷射机喷射混凝土、砂浆时，必须采用潮料，并使用除尘机对上料口、余气口除尘。喷射前，必须冲洗岩帮。喷射后应有养护措施。作业人员必须佩戴劳动保护用品。

（七）锚杆必须按规定做拉力试验。煤巷还必须进行顶板离层监测，并用记录牌板显示。对喷体必须做厚度和强度检查，并有检查和试验记录。在井下做锚固力试验时，必须有安全措施。

（八）锚杆必须用机械或力矩扳手拧紧，确保锚杆的托板紧贴巷壁。

（九）岩帮的涌水地点，必须处理。

（十）处理堵塞的喷射管路时，喷枪口的前方及其附近严禁有其他人员。

第 45 条　掘进巷道在揭露老空前，必须制定探查老空的安全措施，包括接近老空时必须预留的煤（岩）柱厚度和探明水、火、瓦斯等内容。必须根据探明的情况采取措施，进行处理。

在揭露老空时，必须将人员撤至安全地点。只有经过检查，证明老空内的水、瓦斯和其他有害气体等无危险后，方可恢复工作。

第46条　开凿或延深斜井、下山时，必须在斜井、下山的上口设置防止跑车装置，在掘进工作面的上方设置坚固的跑车防护装置。跑车防护装置与掘进工作面的距离必须在施工组织设计或作业规程中规定。

斜井（巷）施工期间兼作行人道时，必须每隔40m设置躲避硐并设红灯。设有躲避硐的一侧必须有畅通的人行道。上下人员必须走人行道。

行车时红灯亮，行人立即进入躲避硐；红灯熄灭后，方可行走。

第47条　由下向上掘进25°以上的倾斜巷道时，必须将溜煤（矸）道与人行道分开，防止煤（矸）滑落伤人。人行道应设扶手、梯子和信号装置。斜巷与上部巷道贯通时，必须有安全措施。

第三节　回采和顶板控制

第48条　采区开采前必须按照生产布局合理的要求编制采区设计，并严格按照采区设计组织施工。

一个采区内同一煤层的一翼最多只能布置1个回采工作面和2个掘进工作面同时作业。

一个采区内同一煤层双翼开采或多煤层开采的，该采区最多只能布置2个回采工作面和4个掘进工作面同时作业。

严禁在采煤工作面范围内再布置另一采煤工作面同时作业。

采掘过程中严禁任意扩大和缩小设计规定的煤柱。采空区内不得遗留未经设计规定的煤柱。

严禁破坏工业场地、矿界、防水和井巷等的安全煤柱。

突出矿井、高瓦斯矿井、低瓦斯矿井高瓦斯区域的采煤工作面，不得采用前进式采煤方法。

第49条　采煤工作面回采前必须编制作业规程。情况发生变化时，必须及时修改作业规程或补充安全措施。

第 50 条　采煤工作面必须保持至少回风巷道，另一个通到进风巷道。

开采三角煤、残留煤柱，不能保持 2 个安全出口时，必须制订安全措施，报企业主要负责人审批。

采煤工作面所有安全出口与巷道连接处超前压力影响范围内必须加强支护，且加强支护的巷道长度不得小于 20m 综合机械化采煤工作面此范围内的巷道高度不得低于 1.8m，其他采煤工作面，此范围内的巷道高度不得低于 1.6m。安全出口和与之相连接的巷道必须设专人维护，发生支架断梁折柱、巷道底鼓变形时，必须及时更换、清挖

第 51 条　采煤工作面的伞檐不得超过作业规程的规定，不得任意丢失底煤。工作面的浮煤应清理干净。支架、输送机和充填垛都应保持直线。

第 52 条　台阶采煤工作面必须设置安全脚手板、护身板和溜煤板。倒台阶采煤工作面，还必须在台阶的底脚加设保护台板。阶檐的宽度、台阶面长度和下部超前小眼的个数，必须在作业规程的规定。

第 53 条　采煤工作面必须经常存有一定数量的备用支护材料。使用磨擦式金属支柱或单体液压支柱的工作面，必须备有坑木，其数量、规格、存放地点和管理方法必须在作业规程中规定。

采煤工作面严禁使用折损的坑木、损坏的金属顶梁、失效的磨擦式金属支柱和失效的单体液压支柱。

在同一采煤工作面中，不得使用不同类型和不同性能的支柱。在地质条件复杂的采煤工作面中必须使用不同类型的支柱时，必须制定安全措施。

磨擦式金属支柱和单体液压支柱入井前必须逐根进行压力试验。

对磨擦式金属支柱、金属顶梁和单体液压支柱，在采煤工作面回采结束后或使用时间超过 8 个月后，必须进行检修。检修好的支柱，还必须进行压力试验，合格后方可使用。

第 54 条　采煤工作面必须按作业规程的规定及时支护，严禁空顶作业。所有支架必须架设牢固，并有防倒柱措施。严禁在浮煤或浮矸上架设支架。使

用磨擦式金属支柱时，必须使用液压升柱器架设，初撑力不得小于 50kN；单体液压支柱的初撑力，柱径为 100mm 的不得小于 90KN，柱径为 80mm 的不得小于 60 kN。对于软岩条件下初撑力确实达不到要求的，在制定措施、满足安全的条件下,必须经企业技术负责人审批。严禁在控顶区域内提前摘柱。碰倒或损坏、失效的支柱，必须立即恢复或更换。移动输送机机头、机尾需要拆除附近的支架时，必须架好临时支架。

采煤工作面遇到顶底板松软或破碎、过断层、过老空、过煤柱或冒顶区以及托伪顶开采时，必须制定安全措施。

第 55 条　严格执行敲帮问顶制度。

开工前，班组长必须对工作面安全情况进行检查，确认无危险后，方准人员进入工作面。

第 56 条　采煤工作面必须及时回柱放顶或充填，控顶距离超过作业规程规定时，禁止采煤。用垮落法控制顶板，回柱后顶板不垮落、悬顶距离超过作业规程的规定时，必须停止采煤，采取人工强制放顶或其他措施进行处理。

第 57 条　用垮落法控制顶板时,回柱放顶的方法和安全措施,放顶与爆破、机械落煤等工序平行作业的安全距离，放顶区内支架、木柱、木垛的回收方法，必须在作业规程中明确规定。

采煤工作面初次放顶及收尾时，必须制定安全措施。

放顶人员必须站在支架完整，无崩绳、崩柱、甩钩、断绳抽人等危险的安全地点工作。回柱放顶前，必须对放顶的安全工作全面检查，清理好退路。回柱放顶时，必须指定有经验的人员观察顶板。

第 58 条　采煤工作面采用密集支柱切顶时，两段密集支柱之间必须留有宽 0.5m 以上的出口，出口间的距离和新密集支柱超前的距离必须在作业规程中明确规定。采煤工作面采用无密集支柱切顶时，必须有防止工作面冒顶和矸石窜入工作面的措施。

第 59 条　采用人工假顶分层垮落法开采的采煤工作面，人工假顶必须铺设好，搭接严密；采用金属网或矿用塑料网假顶时，必须把网连结好。

确认垮落的顶板岩石能够胶结形成再生顶板时，可不铺设人工假顶。

采用分层垮落法开采时，必须向采空区注水或注浆。注水或注浆的具体要求，应在作业规程中明确规定。

第 60 条　用水砂充填法控制顶板时，采空区和三角点必须充填满。充填地点的下方，严禁人员通行或停留。注砂井和充填地点之间，应保持用电话联络，联络中断时，必须立即停止注砂。

清理因跑砂堵塞的倾斜井巷前，必须制定安全措施。

第 61 条　用带状充填法控制顶板时，必须在垒砌石垛带之前清扫底板上的浮煤，石垛带必须砌接到顶，顶板下和垛墙上的缝隙应用石块塞紧。需从 2 个石垛中间采取矸石时，必须首先将顶板的活矸用长柄工具处理掉，设置临时支护，并与采煤工作面相接，采矸人员应在临时支护保护下进行工作，并有人观察顶板。

第 62 条　开采近距离煤层，上一煤层采用刀柱法、条带法或带状充填法控制顶板，下一煤层采用垮落法控制顶板时，必须制定控制顶板的安全措施。

第 63 条　长壁式采煤工作面分上下面同时回采时，上下面的错距应根据煤层倾角、矿山压力、支护形式、通风、瓦斯、自然发火、涌水等情况，在作业规程中明确规定。

第 64 条　采用倾斜分层垮落法回采时，下一分层的采煤工作必须在上一分层顶板垮落的稳定区域下面进行。上下分层的回采间隔时间不应过长，以防假顶腐朽。

采用水平分层垮落法回采时，上一分层的采煤工作面超前下一分层采煤工作面的距离，应在作业规程中规定。

第 65 条　采用掩护支架开采急倾斜煤层时，支架的角度、结构，支架垫层数和厚度以及点柱的支设角度、排列方式和密度，必须在作业规程中规定。

生产中遇有断梁、支架悬空、窜矸等情况时，必须及时处理。支架沿走向弯曲、歪斜及角度超过作业规程中规定时，在下一次放架过程中，必须进行调整。应经常检查支架上的螺栓和附件，如有松动，必须及时拧紧。

正倾斜掩护支架的每个回采带的两端，必须设置人行眼，并用木板隔出溜煤眼。伪倾斜掩护支架工作面上下2个出口的要求和工作面的伪倾角，超前溜煤眼的规格、间距和施工方式必须在作业规程中规定。

掩护支架接近平巷时，应缩短每次下放支架的距离，并减少同时爆破的炮眼数目和装药量。掩护支架过平巷时，应加强溜煤眼与平巷连接处的支护或架设木垛。

第66条　采用水力采煤时，应遵守下列规定：

（一）相邻2个小阶段巷道之间和漏斗式采煤的相邻2个上山眼之间，必须开凿联络巷，用以通风、运料和行人。联络巷间距和支护形式必须在作业规程中规定。

（二）回采时，2个相邻小阶段巷道或漏斗工作面之间的错距，不得小于5m。

（三）采煤工作面附近必须设置通信设备，在水枪附近必须有直通高压泵房或调度站的声光兼备的信号装置。

（四）在顶板破碎或压力较大的煤层中，漏斗式采煤时，上山眼两侧的回采煤垛应上下错开，左右交替采煤。

（五）木支护的回采巷道，水枪附近架设护枪台棚。金属支架支护的回采巷道，护枪方式必须在作业规程中规定。煤层倾角超过15°的漏斗式采煤工作面，必须在采空区架设挡矸点柱。

（六）发生窝水或水枪被埋时，必须立即打紧急停泵信号，及时打开事故阀门，停枪处理。作业过程中，必须有防止窝水和人员掉入明槽内的安全措施。

（七）用明槽输送煤浆时，倾角超过25°的巷道，明槽必须封闭；否则禁止行人。倾角在15°－25°时，人行道与明槽之间必须加设挡板或挡墙，其高度不得小于1m；在拐弯、倾角突然变大以及有煤浆溅出的地点，在明槽处应加高挡板或加盖。在行人经常跨过明槽处，必须设过桥。必须保持巷道行人侧畅通。

（八）除不行人的急倾斜专用岩石溜煤眼外，不得无槽无沟沿巷道底板运输煤浆。

（九）煤浆堵塞明槽时，必须立即通知水枪手停止出煤，打开事故阀门，放清水处理。煤浆堵塞溜煤眼或巷道时，必须立即停枪，并报告矿调度室，制定安全措施，进行处理。

（十）快速接头连接的高压水管和煤水管在安装和使用前，必须经过耐压试验。焊接的高压水管和煤水管，在使用前也必须经过耐压试验，试验压力不得小于使用压力的1.5倍。在使用期间，对快速接头连接的高压水管和煤水管，应有专人经常维护管子支座和检查固定情况，保证符合设计要求，并定期测定水管管壁的厚度，及时更换不符合壁厚要求的管子。打开盲管的堵板时，必须采取安全措施，防止管道内压缩的空气伤人。

（十一）对使用中的水枪，必须定期进行耐压试验。严禁使用枪筒中心线偏心距离超过设计规定的水枪。

（十二）通知启动高压水泵前，必须检查管道阀门，按工作要求启闭，防止水击。

（十三）水枪倒枪转水时，必须先通知泵房和调度站，然后操作规程启闭阀门。拆除、检修高压水管时，必须关闭附近的来水阀门。

（十四）水枪司机与煤水泵司机之间必须装电话及声光兼备的信号装置。

（十五）从事水力采煤工作的人员，必须有防潮和防寒的劳动保护用品，水枪司机应佩戴防止反溅煤水伤人的劳动保护用品。

第67条　采用综合机械化采煤时，必须遵守下列规定：

（一）必须根据矿井各个生产环节、煤层地质条件、煤层厚度、煤层倾角、瓦斯涌出量、自然发火倾向和矿山压力等因素，编制设计（包括设备选型、选点）。

（二）运送、安装和拆除液压支架时，必须有安全措施，明确规定运送方式、安装质量、拆装工艺和控制顶板的措施。

（三）工作面煤壁、刮板输送机和支架都必须保持直线。支架间的煤、矸必须清理干净。倾角大于15° 时，液压支架必须采取防倒、防滑措施。倾角大于25° 时，必须有防止煤（矸）窜出刮板输送机伤人的措施。

（四）液压支架必须接顶。顶板破碎时必须超前支护。在处理液压支架上方冒顶时，必须制定措施。

（五）采煤机采煤时必须及时移架。采煤与移架之间的悬顶距离，应根据顶板的具体情况在作业规程中明确规定；超过规定距离或发生冒顶、片帮时，必须停止采煤。

（六）严格控制采高，严禁采高大于支架的最大支护高度。当煤层变薄时，采高不得小于支架的最小支护高度。

（七）当采高超过3m或片帮严重时，液压支架必须有护帮板，防止片帮伤人。

（八）工作面两端必须使用端头支架或增设其他形式的支护。

（九）工作面转载机安有破碎机时，必须有安全防护装置。

（十）处理倒架、歪架、压架以及更换支架和拆修顶梁、支柱、座箱等大型部件时，必须有安全措施。

（十一）工作面爆破时，必须有保护液压支架和其他设备的安全措施。

（十二）乳化液的配制、水质、配比等，必须符合有关要求。泵箱应设自动给液装置，防止吸空。

第68条　采用放顶煤采煤法开采时，必须遵守下列规定：

（一）矿井第一次采用放顶煤开采，或在煤层（瓦斯）赋存条件变化较大的区域采用放顶煤开采时，必须根据顶板、煤层、瓦斯、自然发火、水文地质、煤尘爆炸性、冲击地压等地质特征和灾害危险性编制开采设计，开采设计应当经专家论证或委托具有相关资质单位评价后报请集团公司或者县级以上煤炭管理部门审批，并报煤矿安全监察机构备案。

（二）针对煤层的开采技术条件和放顶煤开采工艺的特点，必须对防瓦斯、防火、防尘、防水、采放煤工艺、顶板支护、初采和工作面收尾等制定安全技术措施。

（三）采用预裂爆破对坚硬顶板或者坚硬顶煤进行弱化处理时，应在工作面未采动区进行，并制定专门的安全技术措施。严禁在工作面内采用炸药爆破方法处理顶煤、顶板及卡在放煤口的大块煤（矸）。

（四）高瓦斯矿井的易自燃煤层，应当采取以预抽方式为主的综合抽放瓦斯措施和综合防灭火措施，保证本煤层瓦斯含量不大于6m3/t或工作面最高风速不大于4.0m/s。

（五）工作面严禁采用木支柱、金属摩擦支柱支护方式。

有下列情形之一的，严禁采用单体液压支柱放顶煤开采：

（一）倾角大于30°的煤层（急倾斜特厚煤层水平分层放顶煤除外）。

（二）冲击地压煤层。

有下列情形之一的，严禁采用放顶煤开采：

（一）煤层平均厚度小于4m的。

（二）采放比大于1：3的。

（三）采区或工作面回采率达不到矿井设计规范规定的。

（四）煤层有煤（岩）和瓦斯（二氧化碳）突出危险的。

（五）坚硬顶板、坚硬顶煤不易冒落，且采取措施后冒放性仍然较差，顶板垮落充填采空区的高度不大于采放煤高度的。

（六）矿井水文地质条件复杂，采放后有可能与地表水、老窑积水和强含水层导通的。

第四节　采掘机械

第69条　使用滚筒式采煤机采煤时，应遵守下列规定：

（一）采煤机上必须装有能停止工作面刮板输送机运行的闭锁装置。采煤机因故暂停时，必须打开隔离开关和离合器。采煤机停止工作或检修时，必须切断电源，并打开其磁力起动器的隔离开关。启动采煤机前，必须先巡视采煤机四周，确认对人员无危险后，方可接通电源。

（二）工作面遇有坚硬夹矸或黄铁矿结核时，应采取松动爆破措施处理，严禁用采煤机强行截割。

（三）工作面倾角在15°以上时，必须有可靠的防滑装置。

（四）采煤机必须安装内、外喷雾装置。截煤时必须喷雾降尘，内喷雾压力不得小于2MPa，外喷雾压力不得小于1.5MPa，喷雾流量应与机型相匹配。如果内喷雾装置不能正常喷雾，外喷雾压力不得小于4MPa。无水或喷雾装置损坏时必须停机。

（五）采用动力载波控制的采煤机，当2台采煤机由1台变压器供电时，应分别使用不同的载波频率，半保证所有的动力载波互不干扰。

（六）采煤机上的按钮，必须设在靠采空区一侧，并加保护罩。

（七）使用有链牵引采煤机时，在开机和改变牵引方向前，必须发出信号，只有在收到返向信号后，才能开机或改变牵引方向，防止牵引链跳动或断链伤人。必须经常检查牵引链及其两端的固定联接件，发现问题，及时处理。采煤机运行时，所有人员必须避开牵引链。

（八）更换截齿和滚筒上下3m以内有人工作时，必须护帮护顶，切断电源，打开采煤机隔离开关和离合器，并对工作面输送机施行闭锁。

（九）采煤机用刮板输送机作轨道时，必须经常检查刮板输送机的溜槽联接、挡煤板导向管的联接，防止采煤机牵引链因过载而断链；采煤机为无链牵引时，齿（销、链）轨的安设必须紧固、完整，并经常检查。必须按作业规程规定和设备技术性能要求操作、推进刮板输送机。

第 70 条 使用刨煤机采煤应遵守下列规定：

（一）工作面至少每隔 30m 应装设能随时停止刨头和刮板输送机的装置，或装设向刨煤机司机发送信号的装置。

（二）刨煤机应有刨头位置指示器，必须在刮板输送机两端设置明显标志，防止刨头与刮板输送机机头撞击。

（三）工作面倾角在 12° 以上时，配套的刮板输送机必须装设防滑、锚固装置。

第 71 条 使用掘进机掘进应遵守下列规定：

（一）掘进机必须装有只准以专用工具开、闭的电气控制回路开关，专用工具必须由专职司机保管。司机离开操作台时，必须断开掘进机上的开关。

（二）在掘进机非操作侧，必须装有能紧急停止运转的按钮。

（三）掘进机必须装有前照明灯和尾灯。

（四）开动掘进机前，必须发出警报。只有在铲板前方和截割臂附近无人时，方可开动掘进机。

（五）掘进机作业时，应使用内、外喷雾装置，内喷雾装置的使用

水压不得小于 3MPa，外喷雾装置的使用水压不得小于 1.5MPa；如果内喷雾装置的使用水压小于 2MPa 或无内喷雾装置，则必须使用外喷雾装置和除尘器。

（六）掘进机停止工作和检修以及交班时，必须将掘进机切割头落地，并断开掘进机上的电源开关和磁力起动器的隔离开关。

（七）检修掘进机时，严禁其他人员在截割臂和转载桥下方停留或作业。

第 72 条 采煤工作面刮板输送机必须安设能发出停止和启动信号的装置，发出信号点的间距不得超过 15m。

刮板输送机的液力偶合器，必须按所传递的功率大小，注入规定量的难燃液，并经常检查有无漏失。易熔合金塞必须符合标准，并设专人检查、清除塞内污物。严禁用不符合标准的物品代替。

刮板输送机严禁乘人。用刮板输送机运送物料时，必须有防止顶人和顶倒支架的安全措施。

移动刮板输送机的液压装置，必须完整可靠。移动刮板输送机时，必须有防止冒顶、顶伤人员和损坏设备的安全措施。必须打牢刮板输送机的机头、机尾锚固支柱。

第73条　使用装岩（煤）机必须遵守下列规定：

（一）装岩（煤）前，必须在矸石或煤堆上洒水和冲洗巷道顶帮。

（二）装岩（煤）机上必须有照明装置。

第74条　使用耙装机必须遵守下列规定：

（一）耙装机作业时必须照明。

（二）耙装机绞车的刹车装置必须完整、可靠。

（三）必须装有封闭式金属挡绳栏和防耙斗出槽的护栏；在拐弯巷道装岩（煤）时，必须使用可靠的双向辅助导向轮，清理好机道，并有专人指挥和信号联系。

（四）耙装作业开始前，甲烷断电仪的传感器，必须悬挂在耙斗作业段的上方。

（五）固定钢丝绳滑轮的锚桩及其孔深与牢固程度，必须根据岩性条件在作业规程中明确规定。

（六）在装岩（煤）前，必须将机身和尾轮固定牢靠。严禁在耙斗运行范围内进行其他工作和行人。在倾斜井巷移动耙装机时，下方不得有人。倾斜井巷倾角大于20°时，在司机前方必须打护身柱或设挡板，并在耙装机前方增设固定装置。倾斜井巷使用耙装机时，必须有防止机身下滑的措施。

（七）耙装机作业时，其与掘进工作面的最大和最小允许距离必须在作业规程中明确规定。

第75条　高瓦斯区域、煤与瓦斯突出危险区域煤巷掘进工作面，严禁使用钢丝绳牵引的耙装机。

第76条　采掘工作面的移动式机器，每班工作结束后和司机离开机器时，必须立即切断电源，并打开离合器。

第77条　采掘工作面各种移动式采掘机械的橡套电缆，必须严加保护，避免水淋、撞击、挤压和炮崩。每班必须进行检查，发现损伤，及时处理。

第五节　建（构）筑物下、铁路下、水体下开采

第78条　建（构）筑物下、铁路下、水体下开采时，必须设立观测站，观测地表移动与变形，查明垮落带和导水裂缝带的高度以及水文地质条件变化等情况。取得实际资料，作为本地区建（构）筑物下、铁路下、水体下开采的科学依据。

第79条　建（构）筑物下、铁路下、水体下开采时，必须经过试采；试采前，必须按建（构）筑物、铁路、水体的重要程度以及可能受到的影响，采取相应技术措施并编制开采设计，报省级以上负责煤炭行业管理的部门审批。

第80条　试采前必须完成建（构）筑物、铁路、水体工程的技术情况调查。收集地质、水文地质资料，设置观测点以及完成建（构）筑物、铁路、水体工程的加固等准备工作。试采时必须及时观测，对受到开采影响的建（构）筑物、铁路、水体工程，必须及时维修，保证安全。试采结束后，必须提出试采报告，报原审批部门审查。

第六节　冲击地压煤层开采

第81条　开采冲击地压煤层的煤矿应有专人负责冲击地压预测预报和防治工作。

开采冲击地压煤层必须编制专门设计。

冲击地压煤层掘进工作面临近大型地质构造、采空区，通过其他集中应力

区以及回收煤柱时，必须制定措施。

防治冲击地压的措施中，必须规定发生冲击地压时的撤人路线。

每次发生冲击地压后，必须组织人员到现场进行调查，记录发生前的征兆、发生经过、有关数据及破坏情况，并制定恢复工作的措施。

第 82 条　开采严重冲击地压煤层时，在采空区不得留有煤柱。如果在采区留有煤柱，必须将煤柱的位置、尺寸以及影响范围标在采掘工程图上。

开拓巷道不得布置在严重冲击地压煤层中。

永久硐室不得布置在冲击地煤层中。

第 83 条　开采煤层群时，应优先选择无冲击地压或弱冲击地压煤层作为保护层开采。

保护层有效范围的划定方法和保护层回采的超前距离，应根据对矿井实际考察的结果确定。

开采保护层后，在被保护层中确实受到保护的地区，可按无冲击地压煤层进行采掘工作。在未受保护的地区，必须采取放顶卸压、煤层注水、打卸压钻孔、超前爆破松动煤体或其他防治措施。

第 84 条　开采冲击地压煤层时，冲击危险程度和采取措施后的实际效果，可采用钻粉率指标法、地音法、微震法等方法确定。

对有冲击地压危险的煤层，应根据预测预报等实际考察资料和积累的数据划分冲击地压危险程度等级并制定相应的综合防治措施。

第 85 条　对冲击地压煤层，应根据顶板岩性掘进宽巷或沿采空区边缘掘进巷道。巷道支护严禁采用混凝土、金属等刚性支架。

第 86 条　严重冲击地压厚煤层中的所有巷道应布置在应力集中圈外；双巷掘进时，2 条平行巷道之间的煤柱不得小于 8m，联络巷道应与 2 条平行巷道垂直。

第 87 条　开采冲击地压煤层时应采用垮落法控制顶板，切顶支架应有足够的工作阻力，采区中所有支柱必须回净。

第88条　开采冲击地压煤层时，在同一煤层的同一区段集中应力影响范围内，不得布置2个工作面同时回采。2个工作面相向掘进，在相距30m（综合机械化掘进50m）时，必须停止其中一个掘进工作面，以免引起严重冲击危险。

停产3天以上的采煤工作面，恢复生产的前一班内，应鉴定冲击地压危险程度，并采取相应的安全措施。

第89条　有严重冲击地压的煤层中，采掘工作面的爆破撤人距离和爆破后进入工作面的时间，必须在作业规程中明确规定。

第90条　在无冲击地压煤层中的三面或四面被采空区所包围的地区、构造应力区、集中应力区开采和回收煤柱时，必须制定防治冲击地压的安全措施。

第七节　井巷维修和报废

第91条　煤矿企业必须制定井巷维修制度，加强井巷的维修，保持巷道设计断面，保证通风、运输的畅通和行人安全。巷道失修率不得超过规定。

第92条　井筒大修时必须编制施工组织设计。

维修井巷支护时，必须有安全措施。严防顶板冒落伤人、堵人和支架歪倒。

扩大和维修井巷连续撤换支架时，必须保证有在发生冒顶堵塞时人员能撤退的出口。在独头巷道维修支架时，必须由外向里逐架进行，并严禁人员进入维修地点以里。

撤掉支架前，应先加固工作地点的支架。架设和拆除支架时，在一架未完工之前，不得中止工作，撤换支架的工作应连续进行；连续施工时，每次工作结束前，必须接顶封帮，确保工作地点的安全。

维修倾斜井巷时，应停止行车；需要通车作业时，必须制定行车安全措施。严禁上、下段同时作业。

第93条　修复旧井巷，必须首选检查瓦斯，当瓦斯积聚时，必须按规定排放，只有在回风流中瓦斯浓度不超过1.0%、二氧化碳浓度不超过1.5%、空气成分符合本规程第一百条的要求时，才能作业。

第 94 条 报废的立井应填实，或在井口浇注 1 个大于井筒断面的坚实的钢筋混凝土盖板，并应设置栅栏和标志。

报废的斜井应填实或在井口以下斜长 20m 处砌筑 1 座砖、石或混凝土墙，再用泥土填至井口，并加砌封墙。

报废的平硐，必须从硐口向里用泥土填实至少 20m，再砌封墙。报废井口的周围有地面水影响时，必须设置排水沟。

封填报废的立井、斜井和平硐时，必须做好隐蔽工程记录，并填图归档。

第 95 条 报废的巷道必须封闭。报废的暗井和倾斜巷道下口的密闭墙必须留泄水孔。

第 96 条 报废的井巷，必须在井上、下对照图上标明。

从报废的井巷内回收支架和装备时，必须制定安全措施。

第八节 防止坠落

第 97 条 立井井口必须用栅栏或金属网围住，进出口设置栅栏门。井筒与各水平的连接处必须有栅栏。栅栏门只准在通过人员或车辆时打开。

立井井筒与各水平车场的连接处，必须设防护设施。

罐笼提升立井的井口和井底、井筒与各水平的连接处，必须设置阻车器。

第 98 条 倾角在 25° 以上的小眼、人行道、上山和下山的上口，必须设有防止人员坠落的设施。

第 99 条 煤仓、溜煤（矸）眼必须有防止人员、物料坠入和煤、矸堵塞的设施。检查煤仓、溜煤（矸）眼和处理堵塞时，必须制定安全措施，处理堵塞时应遵守本规程第三百三十条的规定，严禁人员从下方进入。

严禁煤仓、溜煤（矸）眼做流水道。煤仓与溜煤（矸）眼内有淋水时，必须采取封堵疏干措施；没有得到妥善处理不得使用。

第二章　通风和瓦斯、粉尘防治

第一节　通风

第 100 条　井下空气成分必须符合下列要求：

（一）采掘工作面的进风流中，氧气浓度不低于 20%，二氧化碳浓度不超过 0.5%。

（二）有害气体的浓度不超过表 1 规定。

表 1　矿井害气体最高允许浓度

名称	最高允许浓度（%）
一氧化碳 CO	0.0024
氧化氮（换算成 NO_2）	0.00025
二氧化硫 SO_2	0.0005
硫化氢 H_2S	0.00066
氨 NH_3	0.004

瓦斯、二氧化碳和氢气的允许浓度按本规程的有关规定执行。

矿井中所有气体的浓度均按体积的百分比计算。

第 101 条　井巷中的风流速度应符合表 2 要求。

表 2　井巷中的允许风流速度

井巷名称	允许风速（m/s）	
	最低	最高
无设备的风井和风硐		15
专为升降物料的井筒		12
风桥		10
升降人员和物料的井筒		8
主要进、回风巷		8
架线电机车巷道	1.0	8
运输机巷、采区进、回风巷	0.25	6
采煤工作面、掘进中的煤巷和半煤岩巷	0.25	4
掘进中的岩巷	0.15	4
其他通风人行巷道	0.15	

设有梯子间的井筒或修理中的井筒，风速不得超过8m/s；梯子间四周经封闭后，井筒中的最高允许风速可按表2规定执行。

无瓦斯涌出的架线电机车巷道中的最低风速可低于表2的规定值，但不得低于0.5m/s。

综合机械化采煤工作面，在采取煤层注水和采煤机喷雾降尘等措施后，其最大风速可高于表2的规定值，但不得超过5m/s。

第102条　进风井口以下的空气温度（干球温度，下同）必须在2℃以上。

生产矿井采掘工作面空气温度不得超过26℃，机电设备硐室的空气温度不得超过30℃；当空气温度超过时，必须缩短超温地点工作人员的工作时间，并给予高温保健待遇。

采掘工作面的空气温度超过30℃、机电设备硐室的空气温度超过34℃时，必须停止作业。

新建、改扩建矿井设计时，必须进行矿井风温预测计算，超温地点必须有制冷降温设施。

第103条　矿井需要的风量应按下列要求分别计算，并选取其中的最大值：

（一）按井下同时工作的最多人数计算，每人每分钟供给风量不得少于34m。

（二）按采煤、掘进、硐室及其他地点实际需要风量的总和进行计算。各地点的实际需要风量，必须使该地点的风流中的瓦斯、二氧化碳、氢气和其他有害气体的浓度，风速以及温度，每人供风量符合本规程的有关规定。

按实际需要计算风量时，应避免备用风量过大或过小。煤矿企业应根据具体条件制定风量计算方法，至少每5年修订1次。

第104条　矿井每年安排采掘作业计划时必须核定矿井生产和通风能力，必须按实际供风量核定矿井产量，严禁超通风能力生产。

第105条　矿井必须建立测风制度，每10天进行1次全面测风。对采掘工作面和其他用风地点，应根据实际需要随时测风，每次测风结果应记录并写在测风地点的记录牌上。

第106条　矿井必须有足够数量的通风安全检测仪表。仪表必须由国家授权的安全仪表计量单位进行检验。

第107条　矿井必须有完整的独立通风系统。改变全矿井通风系统时，必须编制通风设计及安全措施，由企业技术负责人审批。

第108条　贯通巷道必须遵守下列规定：

（一）掘进巷道贯通前，综合机械化掘进巷道在相距50m前、其他巷道在相距20m前，必须停止一个工作面作业，做好调整通风系统的准备工作。

（二）贯通时，必须由专人在现场统一指挥，停掘的工作面必须保持正常通风，设置栅栏及警标，经常检查风筒的完好状况和工作面及其回风流中的瓦斯浓度，瓦斯限时，必须立即处理。掘进的工作面每次爆破前，必须派专人和瓦斯检查工共同到停掘的工作面检查工作面及其回风流中的瓦斯浓度，瓦斯浓度超限时，必须先停止在掘工作面的工作，然后处理瓦斯，只有在2个工作面及其回风流中的瓦斯浓度都在1.0%以下时，掘进的工作面方可爆破。每次爆破前，2个工作面入口必须有专人警戒。

（三）贯通后，必须停止采区内的一切工作，立即调整通风系统，风流稳定后，方可恢复工作。

间距小于20m的平行巷道的联络巷贯通，必须遵守上款各项规定。

第109条　进、回风井之间和主要进、回风巷之间的每个联络巷中，必须砌筑永久性风墙；需要使用的联络巷，必须安设2道联锁的正向风门和2道反向风门。

第110条　箕斗提升井或装有带式输送机的井筒兼作风井使用时，应遵守下列规定：

（一）箕斗提升井兼作回风井时，井上下装、卸装置和井塔（架）必须有完善的封闭措施，其漏风率不得超过15%，并应有可靠的防尘措施。装有带式输送机的井筒兼作风井使用时，井筒中的风速不得超过6m/s，且必须装设甲烷断电仪。

（二）箕斗提升井或装有带式输送机的井筒兼作风井时，箕斗提升井筒中的风速不得超过 6m/s、装有带式输送机的井筒中的风速不得超过 4m/s，并应有可靠的防尘措施，井筒中必须装设自动报警灭火装置和敷设消防管路。

第 111 条　进风井口必须布置在粉尘、有害和高温气体不能侵入的地方。已布置在粉尘、有害的高温气体能侵入的地点的，应制定安全措施。

第 112 条　矿井开拓新水平和准备新采区的回风，必须引入总回风巷或主要回风巷中。在未构成通风系统前，可将此种回风引入生产水平的进风中；但在有瓦斯喷出或有煤（岩）与瓦斯（二氧化碳）突出危险的矿井中，开拓新水平和准备新采区时，必须先在无瓦斯喷出或无煤（岩）与瓦斯（二氧化碳）突出危险的煤（岩）层中掘进巷道并构成通风系统，为构成通风系统的掘进巷道的回风，可以引入生产水平的进风中。上述 2 种回风流中的瓦斯和二氧化碳浓度都不得超过 0.5%，其他有害气体浓度必须符合本规程第一百条的规定，并制订安全措施，报企业技术负责人审批。

第 113 条　生产水平和采区必须实行分区通风。

准备采区，必须在采区构成通风系统后，方可开掘其他巷道。采煤工作面必须在采区构成完整的通风、排水系统后，方可回采。

高瓦斯矿井、有煤（岩）与瓦斯（二氧化碳）突出危险的矿井的每个采区和开采容易自燃煤层的采区，必须设置至少 1 条专用回风巷；低瓦斯矿井开采煤层群和分层开采采用联合布置的采区，必须设置 1 条专用回风巷。

采区进、回风巷必须贯穿整个采区，严禁一段为进风巷、一段为回风巷。

第 114 条　采、掘工作面应实行独立通风。

同一采区内，同一煤层上下相连的 2 个同一风路中的采煤工作面、采煤工作面与其相连接的掘进工作面、相邻的 2 个掘进工作面，布置独立通风有困难时，在制定措施后，可采用串联通风，但串联通风的次数不得超过 1 次。

采区内为构成新区段通风系统的掘进巷道或采煤工作面遇地质构造而重新

掘进的巷道，布置独立通风确有困难时，其回风可以串入采煤工作面，但必须制定安全措施，且串联通风的次数不得超过1次；构成独立通风系统后，必须立即改为独立通风。

对于本条规定的串联通风，必须在进入被串联工作面的风流中装设甲烷断电仪，且瓦斯和二氧化碳浓度都不得超过0.5%，其他有害气体浓度都应符合本规程第一百条规定。

开采有瓦斯喷出或有煤（岩）与瓦斯（二氧化碳）突出危险的煤层时，严禁任何2个工作面之间串联通风。

第115条　有煤（岩）与瓦斯（二氧化碳）突出危险的采煤工作面不得采用下行通风。

第116条　采掘工作面的进风和回风不得经过采空区或冒顶区。

无煤柱开采沿空送巷和沿空留巷时，应采取防止从巷道两帮和顶部向采空区漏风的措施。

矿井在同一煤层、同翼、同一采区相邻正在开采的采煤工作面沿空送巷时，采掘工作面严禁同时作业。

水采工作面由采空区回风时，工作面必须有足够的新鲜风流，工作面及其回风巷的风流中的瓦斯和二氧化碳浓度必须符合本规程第一百三十六条、第一百三十八条和第一百三十九条的规定。

第117条　采空区必须及时封闭。必须随采煤工作面的推进逐个封闭通至采空区的连通巷道。采区开采结束后45天内，必须在所有与已采区相连通的巷道中设置防火墙，全部封闭采区。

第118条　控制风流的风门、风桥、风墙、风窗等设施必须可靠。

不应在倾斜运输巷中设置风门；如果必须设置风门，应安设自动风门或设专人管理，并有防止矿车或风门碰撞人员以及矿车碰坏风门的安全措施。

开采突出煤层时，工作面回风侧不应设置风窗。

第119条　新井投产前必须进行1次矿井通风阻力测定，以后每3年至少进行 1 次。矿井转入新水平生产或改变一翼通风系统后，必须重新进行矿井通风阻力测定。

第 120 条　矿井通风系统图必须标明风流方向、风量和通风设施的安装地点。必须按季绘制通风系统图，并按月补充修改。多煤层同时开采的矿井，必须绘制分层通风系统图。

矿井应绘制矿井通风系统立体示意图和矿井通风网络图。

第 121 条　矿井必须采用机械通风。

主要通风机的安装和使用应符合下列要求：

（一）主要通风机必须安装在地面；装有通风机的井口必须封闭严密，其外部漏风率在无提升设备时不得超过 5%，有提升设备时不得超过 15%。

（二）必须保证主要通风机连续运转。

（三）必须安装 2 套等能力的主要通风机装置，其中 1 套备用，备用通风机必须能在 10min 内开动。生产矿井现有的 2 套不同能力的主要通风机，在满足生产要求时，可继续使用。

（四）严禁采用局部通风机或风机群作为主要通风机使用。

（五）装有主要通风机的出风井口应安装防爆门，防爆门每 6 个月检修 1 次。

（六）至少每月检查 1 次主要通风机。改变通风机转数或叶片角度时，必须经矿技术负责批准。

（七）新安装的主要通风机投入使用前，必须进行 1 次通风机性能测定和试运转工作，以后每 5 年进行 1 次性能测定。

第 122 条　生产矿井主要通风机必须装有反风设施，并能在 10min 内改变巷道中的风流方向；风流方向改变后，主要通风机的供给风量不应小于正常供风量的 40%。

每季度应至少检查 1 次反风设施，每年应进行 1 次反风演习；矿井通风系统有较大变化时，应进行 1 次反风演习。

第123条　严禁主要通风机房兼作他用。主要通风机房内必须安装水柱计、电流表、轴承温度计等仪表，还必须有直矿通调度室的电话，并有反风操作系统图、司机岗位责任制和操作规程。主要通风机的运转应由专职司机负责，司机应每小时将通风机运转情况记入运转记录簿内；发现异常，立即报告。

第124条　因检修、停电或其他原因停止主要通风机运转时，必须制定停风措施。

变电所或电厂在停电前，必须将预计停电时间通知矿调度室。

主要通风机停止运转时，受停风影响的地点，必须立即停止工作、切断电源，工作人员先撤到进风巷道中，由值班矿长迅速决定全矿井是否停止生产、工作人员是否全部撤出。

主要通风机停止运转期间，对由1台主要通风机担负全矿通风的矿井，必须打开井口防爆门和有关风门，利用自然风压通风；对由多台主要通风机联合通风的矿井，必须正确控制风流，防止风流紊乱。

第125条　矿井通风系统中，如果某一分区风路的风阻过大，主要通风机不能供给其足够风量时，可在井下安设辅助通风机，但必须供给辅助通风机房新鲜风流；在辅助通风机停止运转期间，必须打开绕道风门。

严禁在煤（岩）与瓦斯突出矿井中安设辅助通风机。

第126条　矿井开拓或准备采区时，在设计中必须根据该处全风压供风量和瓦斯涌出量编制通风设计。掘进巷道的通风方式、局部通风机和风筒的安装和使用等应在作业规程中明确规定。

第127条　掘进巷道必须采用全风压通风或局部通风机通风。

煤巷、半煤岩巷和有瓦斯涌出的岩巷的掘进通风方式应采用压入式，不得采用抽出式（压气、水力引射器不受此限）；如果采用混合式，必须制定安全措施。

瓦斯喷出区域和煤（岩）与瓦斯（二氧化碳）突出煤层的掘进通风方式必须采用压入式。

第128条　安装和使用局部通风机和风筒应遵守下列规定：

（一）局部通风机必须由指定人员负责管理，保证正常运转。

（二）压入式局部通风机和启动装置，必须安装在进风巷道中，距掘进巷道回风口不得小于10m；全风压供给该处的风量必须大于局部通风机的吸入风量，局部通风机安装地点到回风口间的巷道中的最低风速必须符合本规程第一百零一条的有关规定。

（三）高瓦斯矿井、煤（岩）与瓦斯（二氧化碳）突出矿井、低瓦斯矿井中高瓦斯区的煤巷、半煤岩巷和有瓦斯涌出的岩巷掘进工作面正常工作的局部通风机必须配备安装同等能力的备用局部通风机，并能自动切换。正常工作的局部通风机必须采用三专（专用开关、专用电缆、专用变压器）供电，专用变压器最多可向4套不同掘进工作面的局部通风机供电；备用局部通风机电源必须取自同时带电的另一电源，当正常工作的局部通风机故障时，备用局部通风机能自动启动，保持掘进工作面正常通风。

（四）其他掘进工作面和通风地点正常工作的局部通风机可不配备安装备用局部通风机，但正常工作的局部通风机必须采用三专供电；或正常工作的局部通风机配备安装一台同等能力的备用局部通风机，并能自动切换。正常工作的局部通风机和备用局部通风机的电源必须取自同时带电的不同母线段的相互独立的电源，保证正常工作的局部通风机故障时，备用局部通风机正常工作。

（五）必须采用抗静电、阻燃风筒。风筒口到掘进工作面的距离、混合式通风的局部通风机和风筒的安设、正常工作的局部通风机和备用局部通风机自动切换的交叉风筒接头的规格和安设标准，应在作业规程中明确规定。

（六）正常工作和备用局部通风机均失电停止运转后，当电源恢复时，正常工作的局部通风机和备用局部通风机均不得自行启动，必须人工开启局部通风机。

（七）使用局部通风机供风的地点必须实行风电闭锁，保证当正常工作的局部通风机停止运转或停风后能切断停风区内全部非本质安全型电气设备的电源。正常工作的局部通风机故障，切换到备用局部通风机工作时，该局部通风机通风范围内应停止工作，排除故障；待故障被排除，恢复到正常工作的局部通风后方可恢复工作。使用2台局部通风机同时供风的，2台局部通风机都必须同时实现风电闭锁。

（八）每10天至少进行一次甲烷风电闭锁试验，每天应进行一次正常工作的局部通风机与备用局部通风机自动切换试验，试验期间不得影响局部通风，试验记录要存档备查。

（九）严禁使用3台以上（含3台）局部通风机同时向1个掘进工作面供风。不得使用1台局部通风机同时向2个作业的掘进工作面供风。

第129条　使用局部通风机通风的掘进工作面，不得停风；因检修、停电、故障等原因停风时，必须将人员全部撤至全风压进风流处，并切断电源。

恢复通风前，必须由专职瓦斯检查员检查瓦斯，只有在局部通风机及其开关附近10m以内风流中的瓦斯浓度都不超过0.5%时，方可由指定人员开启局部通风机。

第130条　井下爆炸材料库必须有独立的通风系统，回风风流必须直接引入矿井的总回风巷或主要回风巷中。新建矿井采用对角式通风系统时，投产初期可利用采区岩石上山或用不燃性材料支护和不燃性背板背严的煤层上山作爆炸材料库的回风巷。必须保证爆炸材料库每小时能有其总容积4倍的风量。

第131条　井下充电室必须有独立的通风系统，回风风流应引入回风巷。

井下充电室，在同一时间内，5t及其以下的电机车充电电池的数量不超过3组、5t以上的电机车充电电池的数量不超过1组时，可不采用独立的风流通风，但必须在新鲜风流中。

井下充电室中以及局部积聚处的氢气浓度，不得超过0.5%。

第132条　井下机电设备硐室应当设在进风风流中；该硐室采用扩散通风的，其深度不得超过6m、入口宽度不得小于1.5m，并且无瓦斯涌出。

井下个别机电设备设在回风流中的，必须安装甲烷传感器并具备甲烷超限断电功能。

采区变电所必须有独立的通风系统。

第二节　瓦斯防治

第133条　一个矿井中只要有一个煤（岩）层发现瓦斯，该矿井即为瓦斯矿井。瓦斯矿井必须依照矿井瓦斯等级进行管理。

矿井瓦斯等级，根据矿井相对瓦斯涌出量、矿井绝对瓦斯涌出量和瓦斯涌出形式划分为：

（一）低瓦斯矿井：矿井相对瓦斯涌出量小于或等于10m^3/t且绝对瓦斯涌出量小于或等于40m^3/min。

（二）高瓦斯矿井：矿井相对瓦斯涌出量大于10m^3/t或矿井绝对瓦斯涌出量大于40m^3/min。

（三）煤（岩）与瓦斯（二氧化碳）突出矿井。

每年必须对矿井进行瓦斯等级和二氧化碳涌出量的鉴定工作，报省（自治区、直辖市）负责煤炭行业管理的部门审批，并报省级煤矿安全监察机构备案。上报时应包括开采煤层最短发火期和自燃倾向性、煤尘爆炸性的鉴定结果。

新矿井设计文件中，应有各煤层的瓦斯含量资料。

第134条　低瓦斯矿井中，相对瓦斯涌出量大于10m^3/t或有瓦斯喷出的个别区域（采区或工作面）为高瓦斯区，该区应按高瓦斯矿井管理。

第135条　矿井总回巷或一翼回风巷中瓦斯或二氧化碳浓度超过0.75%时，必须立即查明原因，进行处理。

第136条　采区回风巷、采掘工作面回风巷风流中瓦斯浓度超过1.0%或二氧化碳浓度超过1.5%时，必须停止工作，撤出人员，采取措施，进行处理。

装有矿井安全监控系统的机械化采煤工作面、水采和煤层厚度小于0.8m的保护层的采煤工作面，经抽放瓦斯（抽放率25%以上）和增加风量已达到最高允许风速后，其回风巷风流中瓦斯浓度仍不能降低到1.0%以下时，回风巷风流中瓦斯最高允许浓度为1.5%，但应符合下列要求：

（一）工作面的风流控制必须可靠。

（二）必须保持通风巷的设计断面。

（三）必须配有专职瓦斯检查工。

第137条　采煤工作面瓦斯涌出量大于或等于20m³/min、进回风巷道净断面8m2以上，经抽放瓦斯达到《煤矿瓦斯抽采基本指标》的要求和增大风量已达到最高允许风速后，其回风巷风流中瓦斯浓度仍不符合本规程第一百三十六条规定的，由企业主要负责人审批后，可采用专用排瓦斯巷，专用排瓦斯巷的设置必须遵守下列规定：

（一）工作面风流控制必须可靠。

（二）专用排瓦斯巷必须在工作面进回风巷道系统之外另外布置，并编制专门设计和制定专项安全技术措施；严禁将工作面回风巷作为专用排瓦斯巷管理。

（三）专用排瓦斯巷回风流的瓦斯浓度不得超过2.5%，风速不得低于0.5m/s；专用排瓦斯巷进行巷道维修工作时，瓦斯浓度必须低于1.0%。

（四）专用排瓦斯巷及其辅助性巷道内不得进行生产作业和设置电气设备。

（五）专用排瓦斯巷内必须使用不燃性材料支护，并应当有防止产生静电、摩擦和撞击火花的安全措施。

（六）专用排瓦斯巷必须贯穿整个工作面推进长度且不得留有盲巷。

（七）专用排瓦斯巷内必须安设甲烷传感器，甲烷传感器应当悬挂

在距专用排瓦斯巷回风口10—15m处，当甲烷浓度达到2.5%时，能发出报警信号并切断工作面电源，工作面必须停止工作，进行处理。

（八）专用排瓦斯巷禁止布置在易自燃煤层中。

第138条　采掘工作面及其他作业地点风流中瓦斯浓度达到1.0%时，必须停止用电钻打眼；爆破地点附近20m以内风流中瓦斯浓度达到1.0%时，严禁爆破。

采掘工作面及其他作业地点风流中、电动机或其开关安设地点附近20m以内风流中的瓦斯浓度达到1.5%时，必须停止工作，切断电源，撤出人员，进行处理。

采掘工作面及其他巷道内，体积大于0.5m³的空间内积聚的瓦斯浓度达到2.0%时，附近20m内必须停止工作，撤出人员，切断电源，进行处理。

对因瓦斯浓度超过规定被切断电源的电气设备，必须在瓦斯浓度降到1.0%以下时，方可通电开动。

第139条　采掘工作面风流中二氧化碳浓度达到1.5%时，必须停止工作，撤出人员人员，查明原因，制定措施，进行处理。

第140条　矿井必须从采掘生产管理上采取措施，防止瓦斯积聚；当发生瓦斯积聚时，必须及时处理。

矿井必须有因停电和检修主要通风机停止运转或通风系统遭到破坏以后恢复通风、排除瓦斯和送电的安全措施。恢复正常通风后，所有受到停风影响的地点，都必须经过通风、瓦斯检查人员检查，证实无危险后，方可恢复工作。所有安装电动机及其开关附近20m的巷道内，都必须检查瓦斯，只有瓦斯浓度符合本规程规定时，方可开启。

临时停工的地点，不得停风；否则必须切断电源，设置栅栏，揭示警标，禁止人员进入，并向矿调度室报告。停工区内瓦斯或二氧化碳浓度达到3.0%或其他有害气体浓度超过本规程第一百条的规定不能立即处理时，必须在24h内封闭完毕。

恢复已封闭的停工区或采掘工作接近这些地点时，必须事先排除其中积聚的瓦斯。排除瓦斯工作必须制定安全技术措施。

严禁在停风或瓦斯超限的区域内作业。

第141条　局部通风机因故停止运转，在恢复通风前，必须首先检查瓦斯，只有停风区中最高瓦斯浓度不超过1.0%和最高二氧化碳浓度不超过1.5%，且符合本规程第一百二十九条开启局部通风机的条件时，方可人工开启局部通风机，恢复正常通风。

停风区中瓦斯浓度超过1.0%或二氧化碳浓度超过1.5%，最高瓦斯浓度和二氧化碳浓度不超过3.0%时，必须采取安全措施，控制风流排放瓦斯。

停风区中瓦斯浓度或二氧化碳浓度超过30%时，必须制订安全排放瓦斯措施，报矿技术负责人批准。

在排放瓦斯过程中，排出的瓦斯与全风压风流混合处的瓦斯和二氧化碳浓度都不得超过1.5%，且采区回风系统内必须停电撤人。其他地点的停电撤人范围应在措施中明确规定。只有恢复通风的巷道风流中瓦斯浓度不超过1.0%和二氧化碳浓度不超过1.5%时，方可人工恢复局部通风机供风巷道内电气设备的供电和采区回风系统内的供电。

第142条　开拓新水平的井巷第一次接近各开采煤层时，必须按掘进工作面距煤层的准确位置，在距煤层垂距10m以外开始打探煤钻孔，钻孔超前工作面的距离不得小于5m，并有专职瓦斯检查工经常检查瓦斯。

岩巷掘进遇到煤线或接近地质破坏带时，必须有专职瓦斯检查工经常检查瓦斯，发现瓦斯大量增加或其他异状时，必须停止掘进，撤出人员，进行处理。

第143条　开采有瓦斯或二氧化碳喷出的煤（岩）层时，必须采取下列措施：

（一）打前探钻孔或抽排钻孔。

（二）加大喷出危险区域的风量。

（三）将喷出的瓦斯或二氧化碳直接引入回风巷或抽放瓦斯管路。

第144条　在有油气爆炸危险的矿井中，应使用便携式甲烷检测仪检查各个地点的油气浓度，并定期采样化验油气成分和浓度。对油气浓度的规定可按本规程有关瓦斯的各项规定执行。

第145条　有下列情况之一的矿井，必须建立地面永久抽放瓦斯系统或井下临时抽放瓦斯系统：

（一）1个采煤工作面的瓦斯涌出量大于5m³/min或1个掘进工作面瓦斯涌出量大于3m³/min，用通风方法解决瓦斯不合理的。

（二）矿井绝对瓦斯涌出量达到以下条件的：

1. 大于或等于 40m³/min；

2. 年产量 1.0 — 1.5Mt 的矿井，大于 30m³/min；

3. 年产量 0.6 — 1.0Mt 的矿井，大于 25m³/min；

4. 年产量 0.4 — 0.6Mt 的矿井，大于 20m³/min；

5. 年产量小于或等于 0.4Mt 的矿井，大于 15m³/min；

6. 开采有煤与瓦斯突出危险煤层的。

第 146 条　抽放瓦斯设施应符合下列要求：

（一）地面泵房必须用不燃性材料建筑，并必须有防雷电装置，其距进风井和主要建筑物不得小于 50m，并用栅栏或围墙保护。

（二）地面泵房和泵房周围 20m 范围内，禁止堆积易燃物和明火。

（三）抽放瓦斯泵及其附属设备，至少应有 1 套备用。

（四）地面泵房内电气设备、照明和其他电气仪表都应采用矿用防爆型；否则必须采取安全措施。

（五）泵房必须有直通矿调度室的电话和检测管道瓦斯浓度、流量、压力等参数的仪表或自动监测系统。

（六）干式抽放瓦斯泵吸气侧管路系统中，必须装设有防回火、防回气和防爆炸作用的安全装置，并定期检查，保持性能良好。抽瓦斯泵站放空管的高度应超过泵房房顶 3m。

泵房必须有专人值班，经常检测各参数，做好记录。当抽放瓦斯泵停止运转时，必须立即向矿调度室报告。如果利用瓦斯，在瓦斯泵停止运转后和恢复运转前，必须通知使用瓦斯的单位，取得同意后，方可供应瓦斯。

第 147 条　设置井下临时抽放瓦斯泵站时，应遵守下列规定：

（一）临时抽放瓦斯泵站应安设在抽放瓦斯地点附近的新鲜风流中。

（二）抽出的瓦斯可引排到地面、总回风巷、一翼回风巷或分区回风巷，但必须保证稀释后风流中的瓦斯浓度不超限。在建有地面永久抽放系统的矿井，临时泵站抽出的瓦斯可送至永久抽放系统的管路，但矿井抽放系统的瓦斯浓度必须符合本规程第一百四十八条的规定。

（三）抽出的瓦斯排入回风巷时，在排瓦斯管路出口必须设置栅栏、悬挂警戒牌等。栅栏设置的位置是上风侧距管路出口 5m、下风侧距管路出口 30m，两栅栏间禁止任何作业。

（四）在下风侧栅栏外必须设甲烷断电仪或矿井安全监控系统的甲烷传感器，巷道风流中瓦斯浓度超限时，实现报警、断电，并进行处理。

第 148 条　抽放瓦斯必须遵守下列规定：

（一）抽放容易自燃和自燃煤层的采空区瓦斯时，必须经常检查一氧化碳浓度和气体温度参数的变化，发现有自然发火征兆时，应当立即采取措施。

（二）井上下敷设的瓦斯管路，不得与带电物体接触并应当有防止砸坏管路的措施。

（三）采用干式抽放瓦斯设备时，抽放瓦斯浓度不得低于 25%。

（四）利用瓦斯时，在利用瓦斯的系统中必须装设有防回火、防回风和防爆炸作用的安全装置。

（五）抽采的瓦斯浓度低于 30% 时，不得作为燃气直接燃烧；用于内燃机发电或作其他用途时，瓦斯的利用、输送必须按有关标准的规定，并制定安全技术措施。

第 149 条　矿井必须建立瓦斯、二氧化碳和其他有害气体检查制度，并遵守下列规定：

（一）矿长、矿技术负责人、爆破工、采掘区队长、工程技术人员、班长、流动电钳工下井时，必须携带便携式甲烷检测仪。瓦斯检查工必须携带便携式光学甲烷检测仪。安全监测工必须携带便携式甲烷报警仪或便携式光学甲烷检测仪。

（二）所有采掘工作面、硐室、使用中的机电设备的设置地点、有人员作业的地点都应纳入检查范围。

（三）采掘工作面的瓦斯浓度检查次数如下：

1. 低瓦斯矿井中每班至少 2 次；

2. 高瓦斯矿井中每班至少 3 次；

3. 有煤（岩）与瓦斯突出危险的采掘工作面，有瓦斯喷出危险的采掘工作面和瓦斯较大、变化异常的采掘工作面，必须有专人经常检查，并安设甲烷断电仪。

（四）采掘工作面二氧化碳浓度应每班至少检查 2 次；有煤（岩）与二氧化碳突出危险的采掘工作面，二氧化碳涌出量较大、变化异常的采掘工作面，必须有专人经常检查二氧化碳浓度。本班未进行工作的采掘工作面，瓦斯和二氧化碳应每班至少检查 1 次；可能涌出或积聚瓦斯或二氧化碳的硐室和巷道的瓦斯或二氧化碳每班至少检查 1 次。

（五）瓦斯检查人员必须执行瓦斯巡回检查制度和请示报告制度，并认真填写瓦斯检查班报。每次检查结果必须记入瓦斯检查班报手册和检查地点的记录牌上，并通知现场工作人员。瓦斯浓度超过本规程有关条文的规定时，瓦斯检查工有权责令现场人员停止工作，并撤到安全地点。

（六）在有自然发火危险的矿井，必须定期检查一氧化碳浓度、气体温度等变化情况。

（七）井下停风地点栅栏外风流中的瓦斯浓度每天至少检查 1 次，挡风墙外的瓦斯浓度每周至少检查 1 次。

（八）通风值班人员必须审阅瓦斯班报，掌握瓦斯变化情况，发现问题，及时处理，并向矿调度室汇报。

通风瓦斯日报必须送矿长、矿技术负责人审阅，一矿多井的矿必须同时送井长、井技术负责人审阅。对重大的通风、瓦斯问题，应制定措施，进行处理。

第 150 条　高瓦斯矿井煤巷掘进工作面应安设隔（抑）爆设施。

第三节 粉尘防治

第151条 新矿井的地质精查报告中，必须有所有煤层的煤尘爆炸性鉴定资料。生产矿井每延深一个新水平，应进行1次煤尘爆炸性试验工作。

煤尘的爆炸性由国家授权单位进行鉴定，鉴定结果必须报煤矿安全监察机构备案。煤矿企业应根据鉴定结果采取相应的安全措施。

第152条 矿井必须建立完善的防尘供水系统。没有防尘供水管路的采掘工作面不得生产。主要运输巷、带式输送机斜井与平巷、上山与下山、采区运输巷与回风巷、采煤工作面运输巷与回风巷、掘进巷道、煤仓放煤口、溜煤眼放煤口、卸载点等地点都必须敷设防尘供水管路，并安设支管和阀门。防尘用水均应过滤。水采矿井和水采区不受此限。

第153条 井下所有煤仓和溜煤眼都应保持一定的存煤，不得放空；有涌水的煤仓和溜煤眼，可以放空，但放空后放煤口闸板必须关闭，并设置引水管。溜煤眼不得兼作风眼使用。

第154条 对产生煤（岩）尘的地点应采取防尘措施：

（一）掘进工作面的防尘措施必须符合本规程第十七条的规定。

（二）采煤工作面应采取煤层注水防尘措施，有下列情况之一的除外：

1. 围岩有严重吸水膨胀性质、注水后易造成顶板或底板变形，或者地质情况复杂、顶板破坏严重，注水后影响采煤安全的煤层；

2. 注水后会影响采煤安全或造成劳动条件恶化的薄煤层；

3. 原有自然水分或防灭火灌浆后水分大于4%的煤层；

4. 孔隙率小于4%的煤层；

5. 煤层很松软、破碎，打钻孔时易塌孔、难成孔的煤层；

6. 采用下行垮落法开采近距离煤层群或分层开采厚煤层，上层或上分层的采空区采取灌水防尘措施的下一层或下一分层。

（三）炮采工作面应采取湿式打眼，使用水炮泥；爆破前、后应冲洗煤壁，爆破时应喷雾降尘，出煤时洒水。

（四）采煤机、掘进机作业的防尘必须符合本规程第六十九条第一款第（四）项、第七十一条第一款第（五）项的规定。液压支架和放顶煤采煤工作面的放煤口，必须安装喷雾装置，降柱、移架或放煤时同步喷雾。破碎机必须安装防尘罩和喷雾或除尘器。

（五）采煤工作面回风巷应安设风流净化水幕。

（六）井下煤仓放煤口、溜煤眼放煤口、输送机转载点和卸载点，以及地面筛分厂、破碎车间、带式输送机走廊、转载点等地点，都必须安设喷雾装置或除尘器，作业时进行喷雾降尘或用除尘器除尘。

（七）在煤、岩层中钻孔，应采取湿式钻孔。煤（岩）与瓦斯突出煤层中瓦斯抽放钻孔难以采取湿式钻孔时，可采取干式钻孔，但必须采取捕尘、降尘措施，工作人员必须佩戴防尘用品。

第 155 条　开采有煤尘爆炸危险煤层的矿井，必须有预防和隔绝煤尘爆炸的措施。矿井的两翼、相邻的采区、相邻的煤层、相邻的采煤工作面间，煤层掘进巷道同与其相连的巷道间。煤仓同与其相连的巷道间，采用独立通风并有煤尘爆炸危险的其他地点同与其相连通的巷道间，必须用水棚或岩粉棚隔开。

必须及时清除巷道中的浮煤，清扫或冲洗沉积煤尘，定期撒布岩粉；应定期对主要大巷刷浆。

第 156 条　矿井每年应制定综合防尘措施、预防和隔绝煤尘爆炸措施及管理制度，并组织实施。

矿井应每周至少检查 1 次煤尘隔爆设施的安装地点、数量、水量或岩粉量及安装质量是否符合要求。

第三章　通风安全监控

第一节　一般规定

第 157 条　煤矿企业应建立安全仪表计量检验制度。

第 158 条　所有矿井必须装备矿井安全监控系统。矿井安全监控系统的安装、使用和维护必须符合本规程和相关规定的要求。

第 159 条　采区设计、采掘作业规程和安全技术措施，必须对安全监控设备的种类、数量和位置，信号电缆和电源的敷设，控制区域等做出明确规定，并绘制布置图。

第 160 条　煤矿安全监控设备之间必须使用专用阻燃电缆或光缆连接，严禁与调度电话电缆或动力电缆等共用。

防爆型煤矿安全监控设备之间的输入、输出信号必须为本持安全型信号。

安全监控设备必须具有故障闭锁功能：当与闭锁控制有关的设备未投入正常运行或故障时，必须切断监控设备所监控区域的全部非本质安全型电气设备的并闭锁；当与闭锁控制有关的设备工作正常并稳定运行后，自动解锁。

矿井安全监控系统必须具备甲烷断电仪和甲烷风电闭锁装置的全部功能；当主机或系统电缆发生故障时，系统必须保证甲烷断电仪和甲烷风电闭锁装置的全部功能；当电网停电后，系统必须保证正常工作时间不小于 2h；系统必须具有防雷电保护；系统必须具有断电状态和馈电状态监测、报警、显示、存储和打印报表功能；中心站主机应不少于 2 台，1 台备用。

第二节　安装、使用和维护

第 161 条　安装断电控制系统时，必须根据断电范围要求，提供断电条件，并接通井下电源及控制线。安全监控设备的供电电源必须取自被控制开关的电源侧，严禁接在被控开关的负荷侧。

拆除或改变与监控设备关联的电气设备的线及控制线、检修与安全监控设备关联的电气设备、需要安全监控设备停止运行时，须报告矿调度室，并制定安全措施后方可进行。

第 162 条　安全监控设备必须定期进行调试、校正，每月至少 1 次。

甲烷传感器、便携式甲烷检测报警仪等采用载体催化元件的甲烷检测设备，每 7 天必须使用校准气样和空气样调校 1 次。每 7 天必须对甲烷超限断电功能进行测试。

安全监控设备发生故障时，必须及时处理，在故障期间必须有安全措施。

第 163 条　必须每天检查安全监控设备及电缆是否正常，使用便携式甲烷检测报警仪或便携式光学甲烷检测仪与甲烷传感器进行对照，并将记录和检查结果报监测值班员；当两者读数误差大于允许误差时，先以读数较大者为依据，采取安全措施并必须在 8h 内对 2 种设备调校完毕。

第 164 条　矿井安全监控系统中心站必须实时监控全部采掘工作面瓦斯浓度变化及被控设备的通、断电状态。

矿井安全监控系统的监测日报表必须报矿长和技术负责人审阅。

第 165 条　必须设专职人员负责便携式甲烷检测报警仪的充电、收发及维护。每班要清理隔爆罩上的煤尘，发放前必须检查便携式甲烷检测报警仪的零点和电压或电源欠压值，不符合要求的严禁发放使用。

第 166 条　配制甲烷校准气样的装置和方法必须符合国家有关标准，相对误差必须小于 5%。制备所用原料气应选用浓度不低于 99.9% 的高纯度甲烷气体。

第 167 条　安全监控设备布置图和接线图应标明传感器、声光报警器、断电器、分站、中心站等设备的位置、接线、断电范围、传输电缆等，并根据实际布置及时修改。

第三节　甲烷传感器和其他传感器的设置

第 168 条　甲烷传感器报警浓度、断电浓度、复电浓度和断电范围必须符合表 3 规定。

第 169 条　低瓦斯矿井的采煤工作面，必须在工作面设置甲烷传感器。

高瓦斯和煤（岩）与瓦斯突出矿井的采煤工作面，必须在工作面及其回风巷设置甲烷传感器，在工作面上隅角设置便携式甲烷检测报警仪。

若煤（岩）与瓦斯突出矿井的采煤工作面的甲烷传感器不能控制其进风巷内全部非本质安全型电气设备，则必须在进风巷设置甲烷传感器。

表 3　甲烷传感器的报警浓度、断电浓度、复电浓度和断电范围

甲烷传感器设置地点	报警浓度 %CH_4	断电浓度 % CH_4	复电浓度 % CH_4	断电范围
低瓦斯和高瓦斯矿井的采煤工作面	≥ 1.0	≥ 1.5	＜ 1.0	工作面及其回风巷内全部非本质安全型电气设备
煤（岩）与瓦斯突出 矿井的采煤工作面	≥ 1.0	≥ 1.5	＜ 1.0	工作面及其回风巷内全部非本质安全型电气设备
高瓦斯和煤（岩）与瓦斯突出矿井 的采煤工作面回风巷	≥ 1.0	≥ 1.0	＜ 1.0	工作面及其回风巷内全部非本质安全型电气设备
本规程第 136 条规定的装有矿井安 全监控系统的采煤工作面回风巷	≥ 1.0	≥ 1.5	＜ 1.5	工作面及其回风巷内全部非本质安全型电气设备
专用排瓦斯巷	≥ 2.5	≥ 2.5	＜ 2.5	工作面内全部非本质安全型电气设备
煤（岩）与瓦斯突出矿井采煤工作 面进风巷	≥ 0.5	≥ 0.5	＜ 0.5	进风巷内全部非本质安全型电气设备
采用串联通风的被串采煤工作面进风巷	≥ 0.5	≥ 0.5	＜ 0.5	被串采煤工作面及进风巷内全部非本质安全型电气设备
采煤机	≥ 1.0	≥ 1.5	＜ 1.0	采煤机电源

续表

甲烷传感器设置地点	报警浓度 $\%CH_4$	断电浓度 $\%CH_4$	复电浓度 %CH4	断电范围
低瓦斯、高瓦斯、煤（岩）与瓦斯突出矿井的煤巷、半煤岩巷和有瓦斯涌出的岩巷掘进工作面	≥ 1.0	≥ 1.5	＜ 1.0	掘进巷道内全部非本质安全型电气设备
高瓦斯、煤（岩）与瓦斯突出矿井的煤巷、半煤岩巷和有瓦斯涌出的岩巷掘进工作面回风流中	≥ 1.0	≥ 1.0	＜ 1.0	掘进巷道内全部非本质安全型电气设备
采用串联通风的被串掘进工作面局部通风机前	≥ 0.5	≥ 0.5	＜ 0.5	被串掘进巷道内全部非本质安全型电气设备
掘进机	≥ 1.0	≥ 1.5	＜ 1.0	掘进机电源
回风流中机电设备硐室的进风侧	≥ 0.5	≥ 0.5	＜ 0.5	机电设备硐室内全部非本质安全型电气设备
高瓦斯矿井进风的主要运输巷道内使用架线电机车时的装煤点和 瓦斯涌出巷道的下风流处	≥ 0.5			
在煤（岩）与瓦斯突出矿井和瓦斯喷出区域中，进风的主要运输巷道内使用的矿用防爆特殊型蓄电池机车	≥ 0.5	≥ 0.5	＜ 0.5	机车电源
在煤（岩）与瓦斯突出矿井和瓦斯喷出区域中，主要回风巷道内使用的矿用防爆特殊型蓄电池机车	≥ 0.5	≥ 0.7	＜ 0.7	机车电源
兼做回风井的装有带式输送机的井筒	≥ 0.5	≥ 0.7	＜ 0.7	井筒内全部非本质安全型电气设备
瓦斯抽放泵站室内	≥ 0.5			
利用瓦斯时的瓦斯抽放泵站输出管路中	≤ 30			
不利用瓦斯、采用干式抽放瓦斯设备的瓦斯抽放泵站输出管路中	≤ 25			
井下临时抽放瓦斯泵站下风侧栅栏外	≥ 1.0	≥ 1.0	＜ 1.0	抽放瓦斯泵

采煤机必须设置机载式甲烷断电仪或便携式甲烷检测报警仪。

非长壁式采煤工作面甲烷传感器的设置参照上述规定执行。

第 170 条　低瓦斯矿井的煤巷、半煤岩巷和有瓦斯涌出的岩巷掘进工作面，必须在工作面设置甲烷传感器。

高瓦斯、煤（岩）与瓦斯突出矿井的煤巷、半煤岩和有瓦斯涌出的岩巷掘进工作面，必须在工作面及其回风流中设置甲烷传感器。

掘进工作面采用串联通风时，必须在被串掘进工作面的局部通风机前设甲烷传感器。

掘进机必须设置机载式甲烷断电仪或便携式甲烷传感器。

第 171 条　在回风流中的机电设备硐室的进风侧必须设置甲烷传感器。

第 172 条　高瓦斯矿井进风的主要运输巷道内使用架线电机车时，装煤点、瓦斯涌出巷道的下风流中必须设置甲烷传感器。

第 173　条在煤（岩）与瓦斯突出矿井和瓦斯喷出区域中，进风的主要运输巷道和回风巷道内使用矿用防爆特殊型蓄电池机车或矿用防爆型柴油机车时，蓄电池电机车必须设置车载式甲烷断电仪或便携式甲烷检测报警仪，柴油机车必须设置便携式甲烷检测报警仪。当瓦斯浓度超过 0.5% 时，必须停止机车运行。

第 174 条　瓦斯抽放泵站必须设置甲烷传感器，抽放泵输入管路中必须设置甲烷传感器。利用瓦斯时，还应在输出管路中设置甲烷传感器。

第 175 条　装备矿井安全监控系统的矿井，每一个采区、一翼回风巷及总回风巷的测风站应设置风速传感器，主要通风机的风硐应设置压力传感器；瓦斯抽放泵站的抽放泵吸入管路中应设置流量传感器、温度传感器和压力传感器，利用瓦斯时，还应在输出管路中设置流量传感器、温度传感器和压力传感器。

装备矿井安全监控系统的开采容易自燃、自燃煤层的矿井，应设置一氧化碳传感器和温度传感器。

矿井安全监控系统的矿井，主要通风机、局部通风机应设置设备开停传感器，主要风门应设置风门开关传感器，被控设备开关的负荷侧应设置馈电状态传感器。

参考文献

[1] 钱鸣高．煤炭的科学开采[J]．煤炭学报，2010，35（4）：529-534.

[2] 谢和平，钱鸣高，彭苏萍，等．煤炭科学产能及发展战略初探[J]．中国工程科学．2011，13（6）：44-50.

[3] BP2035世界能源展望-2014年版.

[4] 濮洪九．在中国煤炭学会工作会上的讲话.

[5] 毛节华，许惠龙．中国煤炭资源分布现状与远景预测[J]．煤田地质，1999（3）：3.

[6] 刘卫东，张岩松，王丽华．我国煤矿高温矿井摸底调查情况[J]．职业与健康，2012，28（9）：1136-1138.

[7] 国家安全生产监督管理总局，国家煤矿安全监察局．煤矿安全规程[M]．2006版．北京：煤炭工业出版社，2007：58.

[8] 李莉，张人伟，王亮，等．矿井热害分析及其防治[J]．煤矿现代化．2006（2）：34-36.

[9] Malcolm J.Mc Pherson.Subsurface Ventilation and Environmental Engineering[M].Kluwer Academic Publishers,1993.01.31:17—39,18-2,15-7-52,15-3-4,2-13.

[10] 苗素军，辛嵩，彭蓬，等．矿井降温系统优选决策理论研究与应用[J]．煤炭学报，2010，35（4）：613-618.

[11] 鹿广利．可控循环风形式及特性分析[J]．山东科技大学学报，1999，18

（1）：58-60.

[12] Kertikov, V.Air temperature and humidity in dead-end headings with auxiliary ventilation.Proceedings of 6th International Mine Ventilation Congress,SMME,Littleton,CO,USA,1997:269–276.

[13] Ross,A.J.,Tuck, M.A., Stokes,M.R.,Lowndes,I.S.Computer simulation of climatic conditions in rapid development drivages.In:Ramani R.V.,ed., Proceedingsof 6th International Mine Ventilation Congress,SME,Littleton, CO,1997:283–288.

[14] D.M.Hargreaves,I.S.Lowndes.The computational modeling of the ventilation flows within a rapid development drivage[J].Tunnelling and Underground Space Technology:22(2007)150–160.

[15] 吴强，秦跃平，郭亮，等．掘进工作面围岩散热的有限元计算[J]．中国安全科学学报，第12卷第6期，2002年12月：33-36.

[16] 王海桥，施式亮，刘荣华，等．独头巷道附壁射流通风流场数值模拟研究[J]．煤炭学报，第29期第4卷，2004年8月：425-428.

[17] 王海桥，施式亮，刘荣华，等．独头巷道射流通风流场CFD模拟研究[J]．中国安全科学学报，13（1），2003年1月：68-71.

[18] 王海桥．掘进工作面射流通风流场研究[J]．煤炭学报，24（5），1999年10月：498-501.

[19] 肖林京，肖洪彬，李振华，等．基于ANSYS的综采工作面降温优化设计[J]．矿业安全与环保，2008，35（1）：21-23.

[20] 向立平，王汉青．压入式局部通风掘进巷道内热环境数值模拟研究[J]．矿业工程研究，第24卷第4期，2009年12月：71-74.

[21] 朱庭浩，白善才，周成梅，等．掘进工作面的PMV评价指标研究[J]．科技信息，2009，35：1157-1160.

[22] Zhang Shuiping, Qin Juan.Heat transfer analysis on double-skin

air tube in ventilation of deep mine heading face[J].Procedia Engineering.2011,26:1626–1632.

[23] 邬长福，汤民波，等．独头巷道局部通风数值模拟研究[J]．有色金属科学与工程，2012，3（3）：71-73.

[24] 孙勇，王伟．基于Fluent的掘进工作面通风热环境数值模拟[J]．煤炭科学技术，2012，40（7）：31-34.

[25] 吴强，秦跃平，翟明华，张金峰，等．掘进巷道双风筒降温措施的研究[J]．煤炭学报．2002，第27卷第5期：499-502.

[26] 王福军．计算流体动力学——CFD软件原理与应用[M]．北京：清华大学出版社，2004．9.

[27] 徐昆仑．局部通风掘进工作面风流流场和瓦斯分布数值模拟[D]．河南理工大学硕士学位论文，2007.

[28] Patankar S.V.(1980) Numerical Heat Transfer and Fluid Flow,Taylor & Francis.Washington,Hemisphere Pub.Corp.–New York:McGraw–Hill.

[29] 陶文铨．数值传热学（2版）[M]．西安：西安交通大学出版社，2001.

[30] Chen C–J,Jaw S–Y.Fundamentals of turbulence modeling,Washington DC: Taylor& Francis,1998.xi:91–92.

[31] 王瑞金，张凯，王刚，等．Fluent技术基础与应用实例[M]．北京：清华大学出版社．2007：1-2.